生态文明大家谈

——全国生态文明征文获奖作品集

中国生态文明研究与促进会 编

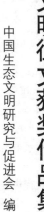

中国环境出版社·北京

U0322412

图书在版编目（CIP）数据

生态文明大家谈：全国生态文明征文获奖作品集 / 中国生态文明研究与促进会编 . —北京：中国环境出版社，2013.9
ISBN 978-7-5111-1458-7

Ⅰ . ①生… Ⅱ . ①中… Ⅲ . ①环境保护—中国—文集 Ⅳ . ① X-12

中国版本图书馆 CIP 数据核字（2013）第 100954 号

出 版 人 王新程
责任编辑 黄 颖
责任校对 尹 芳
装帧设计 彭 杉

出版发行 中国环境出版社
（100062 北京市东城区广渠门内大街 16 号）
网 址：http://www.cesp.com.cn
电子邮箱：bjgl@cesp.com.cn
联系电话：010-67112765（编辑管理部）
010-67175507（科技标准中心）
发行热线：010-67125803，010-67113405（传真）
印 刷 北京中科印刷有限公司
经 销 各地新华书店
版 次 2013 年 9 月第一版
印 次 2013 年 9 月第一次印刷
开 本 880×1230 1/32
印 张 11.125
字 数 250 千字
定 价 33.00 元

编委会

序

让我们的家园更美好

——为"全国生态文明征文获奖作品集"序

生态文明建设是关系国家和民族兴盛的长远大计，也是人民群众的福祉所依。党的十八大把生态文明建设纳入中国特色社会主义事业"五位一体"总体布局，作出建设美丽中国、走向社会主义生态文明新时代的重大战略部署，为大力推进生态文明建设、实现中华民族永续发展指明了方向。

生态文明建设作为一种新的时代理念和实践目标，是全社会共同参与、共同建设、共同享有的事业。公众既是生态文明建设的最终受益者，同时也是生态文明建设的参与者和主力军。一定意义上，生态文明建设水平的高低，主要取决于广大人民群众践行生态文明理念的水准高低。为此，需要积极营造氛围、拓展渠道，让生态文明的理念在全社会广泛普及、形成共识，进而在更高层次上形成生态文明的价值观，使生态文化成为时代的大众文化，生态道德成为民众的自觉道德，践行绿色生产生活方式成为良好的社会风尚，为中华民族走向社会主义生态文明新时代构筑坚强的基石。

推动公众参与生态文明建设，需要积极构建全民参与生态文明建设的社会行动体系，拓展完善公众参与生态文明建设的平台和路径，努力激发群众的积极性、主动性和创造性，使广大人民群众成为"知行合一"的生态文明建设主力军；需要建立健全组织公众参与生态文明建设的工作机制，充分发挥生态环保社团等有关组织的桥梁纽带作用，带动社会力量有序参与生态文明建设，努力形成政府、企业、社团、公众等全社会共建生态文明的新局面。

中国生态文明研究与促进会，是经国务院批准成立的，我国第一个以生态文明研究与实践为主要工作职能的全国性社团组织。2012 年 9 月，中国生态文明研究与促进会在全国范围内开展了"生态文明大家谈"征文活动。活动收到来稿 860 余篇，作者分布全国各地，涵盖不同的年龄段、不同的民族、不同的行业和领域，具有较为广泛的代表性，是组织公众参与生态文明建设的一次积极尝试。经过评审，其中有 84 篇作品获奖，构成了这本获奖作品集。希望通过作品集的出版，能够进一步向全社会传播生态文明的理念、传递共建美丽中国的信心和决心。更期待各地、各部门能多举办类似的活动，为公众参与生态文明建设提供更多更好的机会和平台。

积力所举无不胜，众智所为无不成。我们相信，在以习近平同志为总书记的党中央的坚强领导下，全国人民携手努力，团结进取，形成全社会共建生态文明的强大合力，我国生态文明建设就一定能够不断取得新的成就，我们的家园就一定能够变得更加美好！

2013 年 8 月 16 日

目　录

建设生态文明　人人有责　人人有为

——祝光耀就开展"生态文明大家谈"征文活动答记者问

中国生态文明研究与促进会近日在全国范围内开展"生态文明大家谈"有奖征文活动。为何要举办这次有奖征文活动？如何理解生态文明的内涵？生态文明建设对我国的发展有怎样的意义？带着这些问题，中国环境报记者采访了中国生态文明研究与促进会常务副会长祝光耀。

记者：党的十七届四中全会把生态文明建设提升到与经济建设、政治建设、文化建设、社会建设并列的战略高度。什么是生态文明？为何要将生态文明建设提到如此高度？

祝光耀：生态文明是在人类社会反思工业文明难以为继的深刻教训基础上，遵循人、自然、社会和谐发展、可持续发展而取得的物质与精神成果的总和。生态文明是一种高于工业文明的社会形态。

建设生态文明，是以胡锦涛同志为总书记的党中央坚持以科学发展观统领经济社会发展全局，创造性地回答怎样实现我国经济社会与资源环境可持续发展问题所取得的最新理论成果。党的十七大把建设生态文明作为一项战略任务确定下来，提出要基本形成节约能源资源和保护生态环境的产业结构、增长方式、消费模式，推动全社会牢固树立生态文明观念。党的十七届四中全会把生态文明建设提升到与经济建设、政治建设、文化建设、社会建设并列的战略高度，作为中国特色社会主义事业总体布局的有机组成部分。党的十七届五中全会提出了提高生态文明水平的新要求。前不久，胡锦涛总书记在省部级主要领导干部专题研讨班上发表了重要讲话，对生态文明建设又作了全面深刻的论述，生态文明建设被提升到一个新的高度。

记者：建设生态文明应从何处做起？

祝光耀： 建设生态文明，以把握自然规律、尊重和维护自然为前提，以人与自然、环境与经济、人与社会和谐共生为宗旨，以资源环境承载力为基础，以建立可持续的产业结构、生产方式、消费模式以及增强可持续发展能力为着眼点，加快构建资源节约型、环境友好型社会。建设生态文明，必须树立先进的生态伦理观念，发展高效的生态经济，建立完善的生态制度，确保生态环境安全。

记者：环境保护工作是建设生态文明的重要组成部分，环保部门在建设生态文明方面做了哪些工作？

祝光耀： 环境保护是生态文明建设的主阵地，加强环境保护是推进生态文明建设的根本措施。为贯彻落实党中央、国务院的部署，环保部门从 20 世纪 90 年代起，在全国范围内持续开展了生态示范区建设，生态省、市、县建设和生态文明建设试点示范等系列创建工作，有效推进了我国区域生态文明建设的深入开展。目前，全国已有 15 个省（自治区、直辖市）开展了生态省建设，超过 1 000 个县（市、区）开展了生态县（市、区）的建设，并有 38 个县（市、区）建成了生态县（市、区），53 个县（市、区）转入了生态文明试点示范建设。

记者：中国生态文明研究与促进会在推动生态文明建设方面将发挥怎样的作用？

祝光耀：建设生态文明既需要各级党委、政府的强力推动，也离不开社会各界的共同参与。努力推进生态文明建设，不断提高生态文明水平，是时代赋予我们的伟大历史使命。中国生态文明研究与促进会正是在这样的大背景下应运而生的，由有志于生态文明建设事业的人士及与生态文明建设相关的企事业单位和社会组织自愿结成，是一个协助党和政府推进生态文明建设的全国性社团组织。其基本宗旨是：以邓小平理论和"三个代表"重要思想为指导，坚持贯彻落实科学发展观，遵照党和国家生态文明建设的方针政策和战略部署，聚集生态文明建设的力量，深入研究生态文明建设的重大问题，以高度的使命感和责任感积极推进生态文明建设，努力为我国生态文明建设提供服务与支撑。目前，全国上下正在形成建设生态文明的浓厚氛围，推进生态文明建设的战略目标已经明确，各种要素正在快速聚集，各项条件正在日臻完备。我们必须乘势而上，有所作为，勇当推进生态文明建设的引领者、实践者和宣传者。

记者：中国生态文明研究与促进会为何要举办这次征文比赛？

祝光耀：生态文明是人类智慧的结晶，促进生态文明建设是一项功在当代、福泽后世的伟大事业。能为这一崇高而神圣的事业作出贡献，是一种思想境界、一种道德行为、一种光荣和幸运。我们每个人都是志愿者，我们每个人都应该为人类的生态文明事业奉献

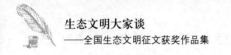

出自己的智慧和力量。

　　为此，中国生态文明研究与促进会举办这次"生态文明大家谈"征文活动，旨在通过征文的形式，在全社会进行一次生态文明知识普及，传播生态文明理念，营造社会氛围，以实际行动迎接党的十八大胜利召开。

生态文明制度体系如何建设

浙江农林大学法政学院 孙洪坤 韩露

党的十八大报告明确指出，要把生态文明建设放在突出地位，融入经济建设、政治建设、文化建设、社会建设各方面和全过程，努力建设美丽中国，实现中华民族永续发展。党的十八大报告系统化、完整化、理论化地提出了生态文明的战略任务，将生态文明建设纳入社会主义现代化建设"五位一体"的总布局。在生态文明建设的总体要求下，必须加强生态文明制度建设，为生态文明建设提供基本制度保障。

一、生态文明的内涵

众所周知，人类经历了原始文明、农业文明，在工业文明发展阶段，必须要探索更高层级的发展阶段，树立新的社会思想体系和理论体系，因此生态文明应运而生。它是人类社会由工业文明向新的文明时代转折的阶段。

什么是生态文明？"生态"是指生物之间以及生物与环境之间的相互关系与存在状态，亦即自然生态。"文明"一词来源于古希腊"城邦"的代称，它是指人类文化发展的成果，是人类改造世界的物质和精神成果的总和，是人类社会进步的标志。

从时间的维度来看，人类社会经历了原始文明、农业文明、工业文明3个阶段，人类自身与生态环境之间的关系也在不断发生变化，生态文明的出现使人类社会形态发生了根本转变。自党的十七大首次将生态文明写入报告后，学界对于生态文明的内涵也展开了探讨。有学者将生态文明理解为生态伦理理念在人类行动中的具体体现，或者是人类社会开展各种决策或行动的生态伦理规则，包括全球性、战略性、阶段性3个内涵特征。还有学者认为生态文明是一种特定的人类活动方式，最直接的内涵是维持、保护地球的生态环境和促进地球环境的改善普遍成为人类活动的目标。

另外，还有一些学者从广义和狭义两个角度来理解生态文明，笔者也赞同此观点。从广义看，生态文明以尊重和维护自然为前提，以生态环境生产力为根本动力，以人类社会良性循环发展为根本宗旨，最终实现可持续发展的经济模式、健康合理的消费模式以及人与自然和谐相处的共生模式。从狭义看，生态文明主要以人与自然和谐共生为目标，强调人类在认识、开发和利用生态环境中所产生的积极成果，并将其提升为与物质文明、政治文明和精神文明并列的文明建设形式之一。

党的十八大把生态文明纳入社会主义现代化建设的总体布局中，对生态文明的内涵进行了新概括与再升华。简单来说，生态文明就是人与自然和谐，是一种人与自然和谐发展的文明境界和社会形态。不仅要求尊重自然、顺应自然、保护自然，而且提出生态文明是人类社会文明的高级状态。不单单是节能减排、保护环境的问题，更要将生态文明融入经济建设、政治建设、文化建设、社会建设的各方面和全过程。这是党对生态文明提出的又一科学内涵，对生态文明战略任务的新部署。

2010年，我国的经济总量已经超过日本成为世界第二，但我国经济发展还是严重依赖农业的发展，在定量GDP增长所消耗的自然资源方面仍处于发展中国家的水平。要摆脱贫困—人口增长—环境退化—贫困的恶性循环，就必须加快生态文明建设。

生态文明建设以生态环境为载体，以绿色生产力为动能，在循环经济的发展模式下，实现社会的可持续发展。党的十八大报告首次将生态文明建设独立成篇，系统地提出今后5年我国大力推进生态文明建设的总体要求，强调要把生态文明建设放在突出地位，并将其纳入社会主义现代化建设总体布局，形成"五位一体"的总布局。另外，党的十八大报告还首次把"建设美丽中国、走向社会主义生态文明的新时代"作为生态文明建设的宏伟目标，为实现这一目标，要着力推进绿色发展、循环发展和低碳发展。

怎样具体落实生态文明建设的新要求是最为关键的问题，具体包括4项任务：第一，优化国土空间开发格局；第二，全面促进资源节约；第三，加大自然资源、生态系统和环境保护的力度；第四，加强生态文明制度建设。

二、生态文明建设的制度体系

（一）马克思主义的生态思想是生态文明制度建设的基石

马克思主义的生态思想认为，人与自然的关系是有机统一的。在人类社会的发展中，人与自然的关系是受一定社会形态制约的。人在社会生产劳动中的社会实践是人与自然关系的纽带，它受到人与自然之间物质变换自然规律的制约。在人与自然双方的交换下，不仅是单一地实现人类对自然资源的任意支配，而且是要求人类在尊重和爱护自然的前提下有节制地利用自然资源。

马克思主义的生态思想内涵极为丰富，尤其是马克思实践自然观理论。马克思的实践自然观是以实践的思维方式、思维逻辑把握自然的本质及其发展规律的理论，着重强调人在生态文明建设中的主体地位和作用，强调人的生存方式、发展方式和自然环境、社会环境的可协调性。我国提出生态文明建设的战略部署，就是马克思实践自然观中国化的具体体现。

（二）生态文明制度的体系构成

我国生态文明制度建设是生态文明建设的重要组成部分，是贯彻和落实生态文明建设的根本性保障。党的十八大对生态文明建设提出了新思路、新部署，在总体目标的要求下，生态文明建设的制度体系主要包括环境资源管理制度、法律补救制度等，它们共同形成了生态文明制度的完整体系。

从党的十八大报告来看，环境资源管理制度主要是指国土空间开发保护制度和严格的水资源等环境资源的管理制度。法律补救制度主要包括耕地保护制度、生态补偿制度和环境损害赔偿制度。公众参与制度不仅包括保障公民的环境权，赋予公民环境公益诉讼的权利，还包括加强生态文明教育，增强全民的节约意识、环境意识和生态意识。而政府责任制度在党的十八大报告中主要体现为对干部考评制度进行改革，要求将资源消耗、环境损害、生态效益纳入经济社会发展评价体系，建立体现生态文明要求的目标体系、考核办法、奖惩机制。

（三）生态文明制度体系的效能分析

1. 经济效能

对于一个国家的社会发展和经济增长，制度具有关键性的作用。我国之前"三高一低"的粗放式生产方式虽然能够在一定时期促进经济的发展，但给生态环境带来了危机。面对环境破坏日益严重的严峻形势，我国高度重视生态文明建设，注重产业结构的调整，注重经济增长方式的转变。党的十七大做出了建设生态文明的战略部署，党的十八大报告又指出了生态文明建设的路径，简单来讲就是转方式、调结构、节约资源、保护生态环境、建设生态文明制度。

在新的国际经济发展趋势下，生态文明制度体系的建立为生态文明的建设提供了制度保障，有利于我国循环经济的快速发展，环境资源的合理利用，最终保障了资源节约型、环境友好型社会的良性发展。

2. 社会效能

科尔曼认为有效率的社会制度是能够最大化社会福利或效用的制度。我国大力推进的生态文明建设制度，是否存在最大化的社会福利？答案是肯定的。

首先，生态文明建设制度以节约环境资源为前提，以建设美丽中国为目标，通过这一制度体系，我国经济发展过程中的资源消耗大、环境污染重等相关社会问题将会较好地得到解决。

其次，生态文明建设体系完善了政府环境管理的责任制度，对政府这一制度执行主体提出了更高的要求。根据公共信托理论，享有环境权的公民个人将权利全部交给政府，而政府是制度执行的主体，完善了政府环境管理责任，就会使公民的个人权益得到最大化实现。

最后，公民个人参与制度保证了个人利益最大化的实现，虽然个人利益的叠加不等于社会整体利益，但是个人利益的不断实现，在一定程度上必定会促进社会整体利益的实现。因此，生态文明制度体系在本质上是社会利益最大化的规则体系。

3. 文化效能

生态文明制度要求在经济增长的过程中要节约环境资源、降低资源的消耗定量，形成节约资源和保护环境的生活方式和理念。这一要求体现了中华民族优秀传统文化中的生态文化思想。生态文化是社会主义先进文化的重要组成部分，它强调人自身的生活修养境界，具有最广泛的人民性。在"两型"社会的建设过程中，一个重

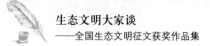

要的目标就是生态文明的建设，而生态文明理念的形成，就必须充分发挥我国传统优秀的生态文化，如"天人合一"等传统生态文化思想。

党的十八大指明了我国生态文明建设的方向和目标，在今后5年要大力推进生态文明建设，完善生态文明制度建设。生态文明制度建设更要调动公民个人的积极性，充分给予公民参与环境保护的途径，培养公民环境保护的意识。因此，生态文明建设的制度体系需要包括公民参与制度，使生态文明制度深入人心，使生态文明思想扎根于中国的土壤。

三、加强生态文明制度建设

近年来，我国关于生态文明的探索和实践取得了一些成果，科学发展理念、生态文明思想日益深入人心。但是在"十二五"规划时期，我国经济建设和社会发展将会面临新的问题。因此，党的十八大对生态文明建设提出了进一步规划，尤其强调了生态文明制度建设。

（一）创新完善环境管理制度

党的十八大报告指出要优化国土空间开发格局，建立国土空间开发保护制度，完善最严格的耕地保护制度、水资源管理制度、环境保护制度。2008年，我国发布了《全国土地利用总体规划纲要（2006—2020年）》（以下简称《纲要》）。《纲要》强调21世纪头20年，是我国经济社会发展的重要战略机遇期和资源环境约束加剧的矛盾凸显期，规划期内要严格保护耕地、节约集约用地、统筹各业各类用地、加强土地生态建设、强化土地宏观调控。我国现阶段的生态文明建设还处于规划阶段，从土地利用状况看，建设用地利用总体粗放，节约集约利用空间较大，人均耕地少、优质耕地少、后备耕地资源少的问题仍然存在，局部地区土地退化和破坏严重，违法用地和闲置用地现象屡禁不止。

面对如此严峻的形势，必须坚持节约资源和保护环境的基本国策，完善环境管理制度，尤其是国土空间开发保护制度。我国的土地管理部门是国土资源部，其主要职能是对土地资源、矿产资源、海洋资源等自然资源进行规划、管理、保护与合理利用。在国土开发管理的过程中，必须按照生态文明建设的要求，统筹安排生活和生产用地，建立政府监督责任机制，细化土地产权制度，健全土地审批制度，同时建立土地信息数据库和相关管理平台，及时公开土地资源开发利用信息。另外，要优化土地利用规划体系，保证土地利用规划的科学性，进而改善土地利用率低的局面。

（二）健全政府绿色考评体系

政府是社会的管理者，是推动社会和经济发展的领导力量。当经济发展与生态环境的矛盾日益激化，就必须强化政府的环境管理职能。2007年，党的十七大报告着重强调了建立环境保护责任制的重要性，2012年，党的十八大报告对政府和领导干部的绿色政绩考评提出了新要求，要求把资源消耗、环境损害、生态效益纳入经济社会发展评价体系，建立体现生态文明要求的目标体系、考核办法、奖惩机制。

绿色政绩考评是指考评机关按照一定的程序对政府领导干部在行使其环保职责、实现政策与法律的过程中体现出的管理能力进行考核、核实、评价，并以此作为选用和奖惩干部依据的活动过程。我国政府绩效考核体系不能将GDP的增长作为单一的评测指标，过去的GDP核算方法只是对GDP的经济增长数字进行统计，忽视了体现生态、环保等绿色GDP的要素，导致自然资源的大量毁损。将绿色GDP纳入统计体系和干部考核体系，不但使对政府官员的考核更为完善和科学，而且有助于我国"五位一体"建设目标的实现。

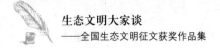

　　健全政府绿色政绩考评体系，首先，要坚持贯彻科学发展观，树立绿色、科学的政府和领导干部考评价值取向，引领广大领导干部转变建设和谐社会的思想目标。其次，要完善政府政绩考评的内容和指标体系，建立符合生态文明建设要求的责任体系。注重民生考评工作，积极推进"两型"社会建设。最后，要健全多元化的考评方式，运用网络等技术平台，及时、有效梳理考评意见，总结生态文明建设的工作不足，加快推进生态文明建设。

　　（三）完善法律保障机制

　　生态文明建设需要坚实的法律法规体系作为有力保障，特别是要构建符合生态文明建设要求的法律体系。目前，我国有关环境保护方面的法律达 30 多部，但是在实践中效果却不理想。现有的环境保护法律体系存在一些相关规定不明确、不协调和不统一的问题，而且对公民的环境知情权、监督权等基本权利保护不完善。生态文明建设是对传统经济发展模式和环境治理方式的重大变革，必须要完善法律保障机制。

　　首先，要树立环境保护、生态文明的立法理念，使其更加符合生态文明建设的要求。其次，结合我国环境保护的现状和生态文明建设的战略目标，制定与生态文明制度相融合的法律规定，增强法律法规的可操作性，保障生态文明制度的有效实施。最后，在生态文明制度的实施过程中，要以环境保护法律法规为准绳，提高执法能力。

　　总之，生态文明建设符合我国现阶段经济和社会发展的需要，符合我国长远的根本利益，要建设"两型"社会、推进生态文明建设，就必须大力加强生态文明制度建设。只有这样才能保证社会主义小康目标的实现，最终实现建设美丽中国的宏伟目标。

怎样认识自然的价值

云南省社会科学院哲学所　蔡毅

　　价值哲学也称价值学或价值论，它是关于价值的性质、构成、标准和评价的哲学学说，是研究各种关于人的需要和利益、人的追求和目的的学问。价值从内心深处决定和影响着人们的好恶弃取与目标追求，决定着人们的行为方式与前进方向。价值观也决定与支配着一个人、一个群体、一个社会的何去何从，广泛影响着社会的生产、民众的生活。

　　价值问题不是一个纯理论的抽象问题，而是一个处处联系实际、直接关乎人类多种利益的现实问题。党的十八大提出，尊重自然、保护自然、顺应自然，大力推进生态文明建设。因此，认识自然的价值，是非常必要的。

一、自然环境具有多方面的宝贵价值

　　自然环境具有无比宝贵不可替代的价值，过去我们对此一直处于不懂、无知、知之不多甚至有意回避的状况。

　　首先，大自然是包括山川河流、大地森林、动物植物、矿产资源、空气、海洋、水等一切有机物、无机物在内的巨系统。这些东西本身具有经济价值、景观价值、环境价值、矿物价值、药用价值、资源价值等多种价值。每一项皆是上天赐予人类的宝贵财物，是人类赖以生存的先决条件和物质源泉。

仅以其中的水为例，水是生态之核、生命之源，在人类赖以生存的生态系统中，水是不可或缺的生命元素，是社会发展的基础与杠杆。自然生态具有一种天赋价值，这种价值是从它存在的那天起就拥有了，它不依赖人类而天然存在。当人类不能认识或理解其价值时，这种价值就以一种潜在的状态存在；当人类理解和认识到它的价值了，它便可以为人服务、为人类提供宝贵的资源或财富。人类的任务只在于怎样去认识它、了解它、运用它和保护它，而不应该无视它、蔑视它、欺凌它或损毁它。

其次，自然环境对人类发展和生活具有多方面的价值。环境对人类发展的价值可以分为内在价值与外在价值两个方面。从内在价值的角度来说，良好的自然生态环境，使人拥有赏心悦目、舒适健康的生活条件与自然景观，这本身就是追求美好幸福生活的应有之义。从外在价值来说，人能从自身所处的环境中攫取的资源数量很大程度上取决于洁净的水、清新的空气、便利的交通等条件。综合起来说，环境价值是自然价值与劳动价值、资源价值与生态价值的有机叠加。

然而长期以来，人们对自然生态环境的重要价值估计严重不足，存在很大的误区。一是根本没有清晰而充分地认识到自然资源所具有的宝贵价值，常常漠视或轻忽它；二是一厢情愿地认为，地球的自然环境包含着可供人类幸福和需求满足的充分资源，人们可以去开发使用而无须加以控制；三是忽视了自然资源是有限的，其中还有许多是稀有的、不可再生的，开发损耗了就再也没有后继者了。各种现象说明，自然环境具有一定的承载阈限，不可能无限地开发和利用。

对环境问题的认识很大程度取决于人们对环境价值的认知。认识残缺、偏颇和片面，必然带来对环境污染与生态退化成本的低估，带来肆无忌惮的破坏与掠夺。认识全面、深刻，才会有对自然的热爱与敬畏，对环境资源的爱惜与保护。过去那种征服自然的方式，已经造成物种加速灭绝，生物多样性下降，湿地和荒野萎缩，河流污浊，空气有毒，灾害不断。因此，必须从认识整个自然资源皆具有最宝贵的价值方面入手，学会尊重、敬畏和爱护自然。

强调价值的重要引领指导作用，不仅只是为了更全面、更正确地认识世界和自然万物，还要更理性、更明智地对待世界与自然万物，从而更积极、更理智地改造世界和利用自然万物。自觉的价值追求作为人的生命之自觉形态，不仅能够引导人们追求自身的利益，协调人们之间的利益冲突，还能够协调人与自然的关系，与生物圈的和谐关系，召唤人们不断地走向更崇高、更广阔的精神境界，实现自由全面的发展。说到底，人类保护生态环境的目的是为了保存和改善自身的生存环境，与自然和谐相处最终目的还是为了人，为了人类的生存需要与长远利益。

二、价值观混乱扭曲导致出现各种问题

混乱、扭曲的价值观导致人类发展过程中出现了以下问题：

一是金钱财富成为高于一切的价值追求。自改革开放以来，人们进入了一个商业时代，一些地方政府拼命发展经济，时时盘算利益，事事考虑效益，而忽视了资源环境价值。一些人为了金钱无规则、无道德、无底线，以至于官商勾结、贪污腐化、卖官鬻爵等现象愈演愈烈。当单一的价值观支配了人们积累财富的过程，许多人便出卖良心、出卖人格，做伤天害理之事。于是河流被污染、森林遭砍伐、资源遭劫掠。

二是资源与环境的价值被严重低估和忽视。中国作为追赶现代化的后发国家，长期以来形成一种粗放型的发展模式，地方政府官

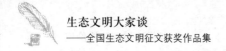
员不管做什么事情，都急功近利。这导致经济发展确实迅速，但也带来了高消耗、高破坏、高污染。我们用大肆开采与掠夺资源的方式换来了 GDP 高速增长，却留给神州大地无数的秃山黑水。

三是生态危机的深层根源在于价值取向偏颇、单一。全球生态环境遭到严重破坏，出现各种危机，与人类的贪婪、偏私、非理性活动——拼命追逐经济和财富的不断发展，而几乎不考虑地球的承受能力直接相关。但若追究人类的动机和思想根源，最终还得到人们的价值观中去溯源。检讨起来，我们追求的发展过于偏狭、单一，方向和内容皆有问题。一些地方政府只重视经济开发，却忽略了自然规律；只追求物质丰盛，却忘记了精神建设；只考虑生产发展，却忽略了生态破坏；只顾经济指标，却遗忘了环境代价；只重视部分人当下的福利实惠，却忽视了人类长远的发展。这些都在告诫人们，一切生态危机的深层根源在于人类病态的价值观。要扭转人类生活中层出不穷的各种病症怪象，必须从纠正和转变人们的价值观、财富观入手。

首先，对财富要有正确全面的认识。过去人们将财富基本只定位在金钱、经济等物质化的东西上，是非常狭隘、远远不够的。现今，必须将劳动财富、文化财富、精神财富、人文财富、自然财富、生态环境都包括在人们追求和关注的范围内，因为财富是人们认为的有价值的任何东西。其次，必须清理一下崇快、崇高、崇大、崇新的价值观念。一般来说，快、高、大、新当然比慢、低、小、旧要好，但若是背离了"好"的追求，那么，无论快慢、高低、大小、新旧，统统都没有价值，不值得追求。

三、生态文明建设需要正确的价值观

要解决生态危机，推进生态文明建设，从根本上要树立正确的价值观。

一是价值概念本身需要修改和扩张。全球范围内出现的各种生态危机并非偶然，其深层根源在于人类价值观的偏颇与病态。首先，价值这一概念长期以来范围和内容偏狭，需要修改与扩张。传统哲学的价值观从概念、理论到实践都是以人为中心，重视与强调的是人的利益，而忽视了自然万物、客体的利益。其次，价值概念来自于经济学的使用价值与交换价值，因此它与经济学的效用和利益联系紧密，适用性、功利性太强，而包容性与丰富性远远不够。在当今社会，在现代哲学和文化语境中，价值这一概念早已远远超过经济学的范畴，与善、好、美、有用、有益接近或通用。再次，由于过去的价值理论是建立在主客二分的思维模式基础之上，主体性和目的性成为价值概念的内涵。它过于强调人的主体性而忽略自然和客体本身的价值和意义，容易否认自然和客体本身的固有价值。

改变现状，解决弊端，就要从价值的内涵、外延和思维方式3个方面重新考虑问题，即要扩大价值的内涵，改写价值的定义，改变具体的思维方式和实践方式。如现今需要从实践出发，依据实践结果去理解价值。又如过去的价值观容易导致人们在价值追求上急功近利，导致生态恶化、资源浪费。要想改变现状，就得从改写价值概念、改变人们的价值观念和改进人类的价值追求实践入手。

二是遵守价值的互惠共赢原则。传统价值观认为价值评价的尺度必须始终掌握在人的手中，任何时候说到价值都是对于人的意义。这就容易导致以自我个体利益去否定排斥他人利益，或是以人类利益去否定或排斥自然万物。这就需要我们培育一种价值视野——不断交融、扩展着的共享的价值视域。即要以一种主客兼顾、多元并存、各美其美、美美与共的态度和方法来看待和处理各种自然生态现象，不能只肯定和坚持一种价值，就否定或排斥其他价值，而应兼收并蓄，以一种包容和渗透、变化和生长的态度，在竞争中选择，在发展中确立，实现对价值的扩展、再造和创造性转换。

美国生态思想家托马斯·柏励认为，我们这个时代正在走向生态纪元。"在生态纪中，人类将生活在一个广泛的生命共同体相互促进的关系中。"这一时代已不能光考虑人类自身的经济利益，而需要综合地考虑共性的地球生态自然的存在。要适应这种变化，我们必须打开眼界，转变观念，树立一种兼容并蓄的新思路，建构一种互益、互惠、广义、系统的新生态价值观，实现价值观的根本转变。这种价值观既要考虑主体的利益，又要考虑客体的利益；既要考虑自我，也得考虑他人；既要考虑人类的利益，又要考虑生物的利益、自然的利益；既要考虑人类近期、眼前的利益，又要考虑人类长远永久的利益，致力于搭建一个精神充盈的价值世界，力争双赢、多赢和共赢。

三是确立和完善环境价值理论。从生态环境的保护与建设来看，我们过去的价值观连同文化观大多视野狭窄，太局限于人类自身，而遗忘了整个更大的地球生命系统。这就带给人类狂妄无知、自吹自擂和以人类为中心的顽症和弊病，很难克服。但一旦将目光投注到自然生态方面，我们就能超越小我，走向广大，跳出局限，联结无限，使价值研究和文化观念扩展到更深远广袤的范围。

环境问题是当今人类面临的全球性问题，解决方法有多种，核心是确立和完善环境价值理论。人与环境的关系本质上是一种价值关系，这种价值关系的嬗变与人类文明的进程紧密相连。因此，人类进化的历史实际上就是人与环境之价值关系不断发展的历史。这需要我们在无序中求取有序，在对立冲突中求取和谐平衡，进行价值整合、价值融合，吸取各种价值的有益成分，将价值导向、价值选择、价值评价和价值反思等观念和因素融入对自然、社会和生活的认识过程之中。既要追求理想的价值目标，又要追求现实的价值目标；既重视物质追求，又重视精神追求。要建构新的价值标准和理论，在多元文化竞争中逐渐创造一套相对完善的价值系统，构建一种有机、稳定、多元、包容、开放的价值体系。在价值系统内保持平衡和谐、互利共生、动态循环，通过平等、开放的对话和交流，去求取现实与理想的交融、物质与精神协调的双重享受，创造一个人与自然和谐共生的生态文明世界。

从生态文明建设的角度来说，价值哲学给我们带来以下启示：

一是以最小成本争取最大收益，这作为一个重要原则，需要贯彻在经济、社会和生态建设的全过程中。二是努力以正面价值抑制负面价值。我们过去吃的亏太多，往往顾头不顾尾，分不清主次，捡了芝麻丢了西瓜。现在一定要认清主次，分出轻重缓急。三是以精神价值统帅物质价值。四是以多向多维的价值代替垂直、单一的价值。应该说，生态文明建设对人们的要求很多、很高，如要求人们具有明确而自觉的环境意识，积极为创建生态环境而努力。又如力争尽早建立自然产权、环境产权、资源产权，确立和普及人与自然的生态伦理，确立人类对于自然万物行为的道德自律。再如为了追求生活幸福，人类并不需要大力发展经济，只需要能适量生产物质财富并维护好生态安全就够了。

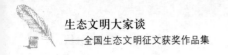
生态文明建设的基础性问题

南开大学经济研究所   钟茂初

党的十八大报告首次单篇论述生态文明,把"美丽中国"作为未来生态文明建设的宏伟目标,把生态文明建设摆在总体布局的高度来论述。建设生态文明,已被列入我国的长期发展战略之中。笔者认为,生态文明建设过程中应搞清楚以下几个问题。

一、如何解决经济对自然资源环境的影响

"发展是硬道理"、"发展是第一要务"等方针,在解决群众基本的物质需求、促进中国经济崛起方面起到了极其重要的作用。随着中国进入新的发展阶段,发展的含义也应从单纯的经济增长拓展为"全面的发展、完善的发展","发展是硬道理"、"发展是第一要务"也被赋予了新的内涵。

一个国家的发展内容是多方面的,但不外乎物质发展、人文发展、生态发展3个层次。与物质发展相关的经济实力的增强是其中一个方面,而与人文发展相关的社会和谐、制度建设、民族尊严、文化发展也是发展的重要方面,与生态发展相关的环境保护、生态保护以及本国为保护地球生态系统作出贡献也是其发展的重要内容。

国家作为一个行为主体,对于物质财富的追求应当是有节制的。比如,在解决全国民众的温饱问题和基本发展之后,不过分追求体现为物质产品数量增长的经济增长;不过分追求体现为物质财富占

有和使用的国家富强；不过分追求体现为物质产品更新换代的技术进步；不追求以经济高速增长追赶富裕国家的国际地位；不追求以拉大与他国贫富差距或损害他国利益为手段获取的国际地位；不追求以牺牲民族文化、民族精神、社会和谐等为代价的经济繁荣；不追求以破坏自然生态系统为代价的发达。这样的发展理念，可能对物质发展有所抑制，但会促进人文发展和生态发展。这样的发展才是全面的发展、完善的发展。

笔者有两方面实践主张：一要强化评估经济政策的资源环境影响。在维持现有经济指标的情况下，对宏观的中长期经济目标及经济政策等，要进行生态环境的影响评估。不仅要对投资项目进行环境影响评估，还必须强化对宏观经济指标、产业发展和地区发展战略进行资源、生态、环境影响的评价并公诸于众。对各级政府的经济目标，都应要求列出其对生态环境的预期影响。比如，政府提出某一年增长速度、某一水平的投资额，那么就应当在同一个政府工作报告中列出这一速度，这一投资水平将消耗的资源水平、将产生的污染水平、将产生的废弃物水平。在政府统计部门公布年度GDP规模时，也必须在同一报告中列出累积的资源耗费量、累积的污染总量、累积的废弃物总量。

二要树立起对GDP增长的制衡力量。一是自然资源和土地保有方面的制衡力量。GDP的增长必然导致自然资源和土地保有的减少，所以代表着维护自然资源和土地资源的部门必须有一个牵制GDP增长的力量。二是生态环境保护方面的制衡力量。GDP的增长必定导致一定程度的环境污染和生态破坏，代表生态利益的环境保护部门必须对GDP的增长进行制衡。目前的环保部门多半只对极端严重的污染企业和污染行为予以制裁，不会直接去制约GDP的增长。原因不外乎人们根深蒂固的"经济至上"思想。三是社会发展方面的制衡力量。经济增长并不意味社会的必然发展，某些情况下 GDP 的增长是以损害社会公平为代价得来的，代表社会发展利益的部门也应当成为制衡 GDP 增长的力量。如果上述制衡 GDP 的力量都能够有效地发挥作用，那么 GDP 及其增长指标就不会像现在这样被人们作为膜拜的对象，会达到一个多方力量博弈的均衡。

二、传统消费模式为何必须改变

现代工业经济社会的发展过程，在某种意义上来说，是消费主义意识不断扩张而导致大量无目的消费需求增长的过程。现代工业经济社会是以经济增长为主导的发展范式，刺激消费者欲望是现代经济增长过程中不可缺少的重要一环。经济发展的制约不是来自于生产可能性的不足，而是来自于消费需求的不足，所以刺激消费需求和人为增加消费需求成为改善经济景气状况的根本性手段。往往形成这样一个循环过程：消费者需求—生产者提供产品—消费者购买使用—消费者生活习惯改变形成对产品的依赖，不断更新的产品，一旦被消费者接受后，人们的日常生活环境就相应地发生了变化，新的产品也随之成为生活中的必需品，不得不进行满足。也就是说，消费者社会通过市场经济体系的作用，使得传统意义上的基本需求不断地扩大范围并不断地发生变化。而传统的经济政策体系中，促进国民需求和消费的不断增长，对经济发展至关重要。

消费作为人类最基本的行为活动，对生态环境直接和间接地产生着巨大影响，主要表现为：消费活动作为人类生活中的普遍性行为和经常性行为，每时每刻、每个人、每个区域都在进行一定的消费活动时，也就意味着同时在进行着资源消耗和废物排放。消费活动是分散的，但分散的行为后果的加总却会造成巨大的资源消耗和环境危害，消费行为的加总性和累积性正是造成巨大资源环境问题的主因。随着经济的发展，消费活动会出现异化而呈现过度消费现象。人们不再根据生存需要来确定消费数量和消费品种，而是超前、超量地消费。有时仅仅以消费的数量或消费的方式来衡量个人的社会地位，以获得某种精神层面的需求满足，造成资源和环境的无谓损耗。现行的消费模式是随着工业技术飞速发展而逐步形成的。技术发展使得人们对产品服务的需求加速，从而以加速度方式促使资源损耗和环境污染。且技术发展使人们产生技术万能的错觉，即技术可以解决任何资源稀缺和环境损耗问题，人们尽可以无所顾忌地满足消费需求。

由此可见，传统的消费模式是造成环境恶化的重要原因。因此，改变传统消费模式是生态文明建设的重要内容。中国正在致力于建设资源节约型社会，节约的源头就在需求和消费领域。因此，低碳消费是实现这一目标的根本手段。低碳消费观应包含这样一些理念：生活水平不断提高、消费层次不断提升，是社会发展的必然方向。但在基本需求得到满足的前提下，应朝着低碳消费的方向提升。即对于非必需品的物质消费应当在普及规模、普及速度方面加以抑制；应抑制以物质产品为财富占有形式的消费行为，而应鼓励以非物质产品为财富占有形式的消费。应当引导较富裕群体的消费者以"利他也是利己"的理念，更多地投入环保等公益性消费之中；推行环境友好消费，如在所有产品和服务的标识上标明产品的碳排放量，以便于民众选择低碳产品。

三、生态文明法律制度要确立怎样的原则

生态文明不仅要倡导公众对自然生态所秉持的理念和行为原则，更要建立起与之相适应的生态文明法律制度。要以可持续发展理念建立人与社会、人与自然的法律关系，不仅要规范调整人与人、人

与社会之间的各种活动关系，也调整当代人与后代人、人与自然生态环境之间的各种活动关系。使法律朝着生态化方向发展和创新。生态文明法律制度应尝试确立下述生态化原则：

法律应保障自然生态系统的权益。传统法律的诉讼原告仅限于自然人、法人、国家，而生态文明法律制度的诉讼原告范围应扩展到自然生态系统。法律应规定"具有生态理念的代表性个人及团体"代表自然生态系统一方来进行维权及诉讼。

生态文明法律制度应具有调整当代人与后代人关系的代际性特征。应要求在满足当代人发展需求的同时，其生产方式、消费方式、生活方式不能对后代人的生存发展带来可预见的危害。在后代人缺席的情形下，应当规定"具有后代人利益理念的代表性个人及团体"来代表后代人一方的利益，参与有关决策协调、权益的保障过程。

生态文明法律制度应具有预先性特征。传统法律通常以事后的方式对人与人之间的关系进行调整，以维持各种利益者之间的秩序。而生态环境问题，很多情况下是无法采用事后方式调整的。因此生态文明法律制度必须具有预防性的特征，使之在事前对各种利益关系进行调整。对大型工程项目、新产品推广、公众消费方式变更等事项，均应事前调整，在事前诉讼阶段，应采取保全措施终止可能的侵害行为。

生态文明法律制度应保障各主体的生态环境权。所保护的范围包括各主体的健康权、优美环境享受权、日照权、安宁权、清洁空气权、清洁水权、观赏权等，还包括环境管理权、环境监督权、环境改善权等。权利主体包括个人、法人、团体、国家、全人类（包括尚未出生的后代人）；权利客体则包括自然环境要素（空气、水、阳光等）、人文环境要素（生活居住区环境等）、地球生态系统要素（臭氧层、湿地、水源地、森林、其他生命物种种群栖息地等）。

四、为什么要负担全球生态环境责任

随着工业化和全球化发展，温室效应、臭氧层消耗、酸雨等一系列全球性环境问题对人类生存与发展构成严重威胁。任何经济活动导致的生态环境影响都是跨国性的、在解决生态环境问题的过程中也都是国际性的，没有一个国家和地区完全可以解决外界和自己引发的全球性环境问题。全球化进程更加使环境问题向全球联动性的方向变化。所以，人类因生活在同一个地球、同一个生态系统中，因维护后代人生存发展能力以传承繁衍的需要，构成了共同的生态利益。在保护地球生态环境的共同行动中，各国都不得不站在"人类整体利益"的高度，通过共同行动，解决好相互的利益矛盾，以实现全球的可持续发展。从这个意义上来说，可持续发展理念、生态文明理念只有在人类整体视野下才有价值，绿色核算、生态—经济利益权衡、代际公平等问题也只有在全球视角下才具有意义。

在上述认识基础上，全球可持续发展、人类整体利益也应纳入国家发展的重要内容。国家发展中，应合理分担全球性生态责任和环境保护责任，发展成果应适度地用于为人类整体、后代人、地球生态作贡献等方面。在面对影响全球生态环境问题时，中国应起到与其大国地位相适应的作用，积极主动地参与有关地球生态和人类整体利益的国际协同。

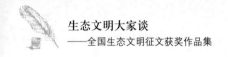

美丽乡村呈现哪些亮点

浙江省环境保护厅 杨晓蔚

笔者一行近日到浙江省安吉县就"中国美丽乡村"建设情况进行调查，与县委、县政府及有关部门同志进行了交流和探讨，并到一些村镇进行了实地考察。通过调查深切感受到，安吉走出了一条新农村建设与生态文明建设互相促进，城镇与乡村统筹推进，一、二、三产业融合发展的科学发展之路。

一、美丽乡村建设取得的有效经验

安吉县生态环境良好，是著名的"中国竹乡"、全国首批国家级生态县和全国新农村与生态县互促共建示范区。从 2008 年开始，县委、县政府根据省委对社会主义新农村建设的总体部署，创造性地提出了用 10 年时间在全县范围内开展以农村人居环境改善为主要内容，以"村村优美、家家创业、处处和谐、人人幸福"为目标的"中国美丽乡村"建设行动。

（一）制定科学规划，描绘美好蓝图，更好地发挥激励、引领和导向作用

坚持规划先导，把编制高水平的规划作为全面推进美丽乡村建设的基础工作。按照优雅竹城、风情小镇、美丽乡村的立体格局，把全县作为一个大景区来规划，把一个村当作一个景点来设计。研究制订《安吉县建设"中国美丽乡村"行动纲要》，委托浙江大学

编制《安吉县"中国美丽乡村"建设总体规划》，编制《安吉乡村风貌特色研究——营造技术导则》，所有乡镇和行政村都编制了生态乡镇（村）、美丽乡村建设规划和风貌设计，形成了横向到边、纵向到底的美丽乡村建设规划体系。2010年专门制定《安吉县生态文明建设行动纲要》，落实八大行动计划。通过生态文明与美丽乡村建设两者融合共促，推动经济社会可持续发展。

（二）创建标准体系，实行分类指导，重点解决农村生态环境治理和保持问题

根据美丽乡村总体规划和总目标，制定美丽乡村标准化指标体系。首先，修订完善《中国美丽乡村建设考核验收办法》，设置36项考核指标，根据工作权重实行百分制考核，再根据考核分值高低、各村的不同情况和基础，划分精品村、重点村、特色村3个档次，按不同要求给予相应的奖励补助，做到先易后难，梯度推进。在此基础上，制定《中国美丽乡村建设规范》等标准，出台《中国美丽乡村标准化示范村建设实施方案》，形成完整的"中国美丽乡村"建设标准化体系，基本涵盖美丽乡村的建设、管理、经营等各方面内容，使各环节操作有据、各项目实施有法、各岗位考核有章。

坚持以人为本，把全面优化农村人居环境作为建设美丽乡村重点和突破口。通过开展村庄环境整治，农村村容村貌和生态环境得到全面改善。重视过程管理和长效管理，严格实行项目申报和公开招标制度，每年组织创建村复评，巩固建设成果，对连续两年社会管理、长效保洁不达标的予以摘牌。积极探索城市物业管理进农村社区的做法，建立县、乡镇、村、个人每月各出一元的管护保洁经费筹措机制。

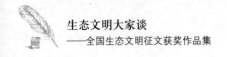
（三）发挥生态优势，促进创业增收，努力实现环境保护与经济发展"双赢"

工业布局上严格执行生态功能区规划和产业导向政策，严把项目准入关，限制高污染、高耗能企业进驻。工业项目向工业功能区集中，打造特色产业集聚区。重点抓好竹制品、转椅两大传统产业和新型纺织、装备制造等新兴产业及高新技术产业，大力发展生态工业。

加快一产"接二连三"、"跨二进三"步伐，创新发展生态农业。精心培育白茶、蚕桑、休闲农业、毛竹4个万亩农村园区，建立绿色有机农产品基地60个。生态休闲旅游经济也得到迅速发展，形成精品旅游观光带和农家乐特色旅游。

（四）挖掘文化内涵，培育乡村文化，努力促进农村社会文明和谐

一是加大对优秀传统文化的挖掘和弘扬力度。安吉特有的孝文化、竹文化、茶文化等得到挖掘和传承，马家弄威风竹鼓、上舍村竹叶龙舞等一批乡土特色文化得到开发，涌现出一大批文化名村，推动了乡土文化产业发展。二是重视农村文化设施建设。建成生态博物馆和昌硕文化中心，以及一批以生态广场、驿站广场等为代表的标志性文化设施。各村实现社区综合服务中心建设、美丽乡村大舞台建设、农村书屋全覆盖。许多行政村纷纷建立村级文化展示场所。三是深入开展丰富多彩的文化活动。除开展送戏、送电影、送书等文化下乡活动外，各乡镇、村纷纷举办本土文化节，极大地丰富了群众的精神文化生活。

（五）创新体制机制，强化组织领导，狠抓各项规划目标、任务落实

一是建立党政主导、部门协作、纵向到底的领导体制，加强组织领导。县委、县政府专门成立工作领导小组和办公室，下设四大

工程组。每年年初根据整体规划确定年度重点乡镇、重点村和重点项目，做好督察指导、考核验收工作。实行县领导联系创建村制度和部门与乡镇、村结对帮扶制度，落实建设目标任务，实行部门与乡镇捆绑制考核。

二是建立分类定位、激励为主的考核评价机制，加大对美丽乡村建设的投入。按建设美丽乡村考核指标与验收办法，实行百分制考核和财政"以奖代补"的激励政策。根据功能定位，将乡镇划分工业经济、休闲经济和综合3类，设置个性化指标进行考核。对美丽乡村创建村，根据考核评定，分精品村、重点村和特色村3个等级进行奖励。县财政每年安排1.2亿元资金，补助生活垃圾、生活污水处理等项目，确保补助资金占总投入的50%以上。

三是创新农村发展要素保障机制，为美丽乡村建设创造条件。建立全县土地承包经营权流转管理服务中心，改革集体建设用地使用权取得和流转制度，加大农地、林地土地流转力度。率先开展农村土地整村整治工作，鼓励盘活集体闲置土地和资产，壮大村级集体经济实力，专项安排美丽乡村建设用地指标。积极探索美丽乡村建设投融资体系创新，引导金融机构增加对美丽乡村建设的信贷投入。

二、安吉建设美丽乡村带来的启示

安吉建设美丽乡村的实践带来了农村村容村貌和生态环境的明显改善，大大推动了农村发展，对各地发展具有一定的启示和借鉴作用：

建设美丽乡村是推进农业现代化、实现"三化"同步发展的有效载体。在工业化、城镇化深入发展中同步推进农业现代化，是"十二五"时期的一项重大任务。而要实现"三化同步"发展，关键是要解决目前存在的农业现代化发展滞后问题。农业现代化发展滞后，不仅影响农村经济社会的持续发展，还会导致工业化、城镇

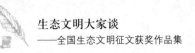
化的发展受阻，影响整个现代化建设进程。

安吉的美丽乡村建设，在构建新型工农、城乡关系，消除城乡协调发展的体制性障碍，形成生产要素、公共资源向农村农业倾斜的制度安排等方面，进行了有益尝试和探索。实践证明，只要措施得当、方法科学，农业现代化可以做到与工业化和城镇化齐头并进、同步推进，农业现代化的发展目标可以早日实现。

建设美丽乡村必须形成一套完整严密、科学有效的制度体系。安吉成为"中国美丽乡村国家标准化示范县"，关键在于有一整套标准、规范、操作性强的制度体系。按照"政府主导、农民主体、政策推动、机制创新"的要求，加大创建力量组合和创建资源整合，形成制度化机制。美丽乡村建设行动纲要、发展规划、建设标准、监督检查、考核验收等有一套具体规定，形成相对独立又有机统一的制度体系，有助于各项目标任务落实。

建设美丽乡村必须从实际出发，坚持因地制宜、分类指导。浙江省农村经济基础、地形地貌、文化传统各不相同，应从实际出发，因地制宜，分类指导，开展多模式、多形式的美丽乡村建设，切忌"一刀切"。要根据各地特色、优势，创造性地开展工作，努力做到一村一景，一村一韵。要找准突破口，努力从农民最关心、投入少、见效快的项目入手，让农民在美丽乡村建设中感受到家乡面貌的变化，得到实实在在的好处。

建设美丽乡村要重视农村文化建设，提高农民的精神面貌。美丽乡村建设不仅要重视物质层面建设，还要重视乡村文化建设，满足农民精神层面需求，促进农村社会文明和谐。安吉非常重视农民思想道德教育和文化素质培养，特别是通过对优秀传统文化的挖掘和乡土文化资源的开发，活跃了群众精神文化生活，激发了农民打造美丽乡村、建设幸福和谐家园的积极性和创造性。

发展方式决定生态文明

国防大学马克思主义研究所　颜晓峰

　　生态文明是人类历史上的一种新型文明。生态文明与发展方式密切相关，发展方式的性质决定了生态文明的可能，生态文明建设要求发展方式变革。从广义上理解，发展方式包含生产方式和生活方式。推进生态文明建设，必须变革包含生产方式和生活方式在内的发展方式。

一、建设生态文明的基础是建设新型生产方式

　　人与自然的关系以社会为中介，自然规律与社会规律的关系以实践为纽带，这种社会中介和实践纽带就是一定历史时期的发展方式。发展方式在很大程度上影响和决定着生态环境，建设生态文明的基础是构建与生态文明相适应的发展方式。

　　（一）生态文明是人与自然环境的文明关系

　　生态文明表现为人与自然、社会系统与生态系统的和谐关系。生态文明的理念与实践，要求充分认识人与自然的相互依存关系，懂得人类生存既要利用自然又要保护自然。要把生态环境作为生命系统来守护，把生态环境作为人类家园来爱惜，把生态环境作为发展空间来建设。

　　从历史上看，文明的发展与生态状况密切相关，文明的转型往往是人与自然关系的转型。狩猎文明依赖对动物的捕杀，这种文明

是以动物种群的减少、生物链的改变为代价的。农业文明依赖对土地的开垦，这种文明是以植被破坏、土壤沙化、水土流失为代价的。工业文明依赖对矿藏的开发，这种文明是以污染加剧、气候变暖、物种锐减为代价的。当依靠掠夺自然、破坏生态的生产方式已经威胁到人类自身生存发展的根基时，生态文明的潮流就顺势而出。尽管围绕生态文明建设，利益矛盾错综复杂，从观念到行动困难重重，但文明总是在开辟自己发展的道路，新型文明总是在不断拓展和深化。

（二）发展的自然条件、技术条件、社会条件构成发展方式

人类社会既是发展的主体，也是发展的客体，发展是人类社会在自然环境中的自我发展实践。发展既包括社会生产实践，也包括社会生活实践，是社会各领域的全面发展。发展既是社会活动的目标，也是社会活动的过程，还是社会活动的结果，追求发展、努力发展、实现发展，构成了发展的无穷运动。发展既有历史连续性，又有历史间断性和跳跃性。人类历史是不断发展、永无止境发展的历史，其间包含着发展的停滞、曲折甚至倒退，也包含着快速发展、跨越发展的历史时期，构成了"千回万转遮不住、大江直泻向东流"的发展景观。

发展是在一定的自然条件、技术条件、社会条件下进行的，这些条件的总和构成发展方式。发展方式表明，社会以什么样的劳动工具和自然进行物质变换，社会在什么样的产权关系中从事生产，社会的交往、交换、分配关系是怎样的，社会的财富增长基础和途径是什么，社会的经济结构、产业结构、消费结构是怎样的，社会依据什么规则、按照什么标准满足需求、发展自身，社会是怎样对待处理个体与群体、当代与后代、民族与世界的利益关系的，人类怎样行动、应对共同面对的生态问题等。

从发展方式的实质看，发展方式由生产方式决定，并受经济、政治、文化、社会、国际等诸多因素制约。从发展方式的联系看，生产与消费互为条件，生产方式决定生活方式，生活方式牵引生产方式。从发展方式的内涵看，在经济发展、社会发展、人的发展序列中，经济发展方式是发展方式的基础，决定着发展方式的性质和水平。经济发展方式是由多种因素综合作用而形成的，主要有生产要素的稀缺程度、科学技术的发展阶段、经济关系的社会属性、政治体制的引导能力、发展理念的价值导向等。

发展方式是一定生产力发展、生产关系变革的产物和标志，因而是历史的，需要根据社会发展趋势和经济发展规律调整转变。没有一成不变的发展方式，也没有永久适用的发展方式。发展方式转变是一种社会历史的事实和经济社会运动的内在要求。

（三）生态环境是发展方式的一面镜子

人是在一定的社会形态、社会关系、社会制度中与自然交往的，人与自然的关系本质上反映了人的社会关系，反映了人与社会的发展方式。生态文明并不仅仅是一种自然产物、一种环境文明，而且是一种社会产物、一种社会文明。人与自然的关系不是抽象的、固定的，而是历史的、实践的。有什么样的发展方式，就有什么样的人与自然关系，就有什么样的生态环境。生态环境状况是人活动的一面镜子，准确地说，是人的发展方式的一面镜子。建设生态文明的基础，是建立新型的发展方式。生态文明提升发展方式，发展方式决定生态文明。

二、加快转变经济发展方式是生态文明建设的迫切需要

党的十八大在提出大力推进生态文明建设的同时，强调了加快转变经济发展方式的战略任务，实际上表明了以发展方式变革推进

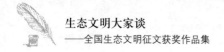

生态文明建设的总体思路。加快转变经济发展方式，不仅是经济建设的迫切需要，而且是生态文明建设的迫切需要。

我国是一个发展中国家，人口众多、资源相对不足、生态环境脆弱。改革开放以来，在经济总量快速增长、人民生活大大改善、生态意识逐步强化、环境保护取得成效的同时，发达国家 200 多年工业化、城市化进程中分阶段出现的人口资源环境问题，在我国现阶段集中凸显。

我们必须保持经济的持续增长，不断满足人民群众的生活需求，但同时，石油、天然气人均储量不足世界平均水平的 1/10，非再生性资源储量和可用量不断减少的趋势不会改变，经济发展与人口资源环境的矛盾越来越突出。广大群众对生活水平和质量的要求不断提高，对干净的水、新鲜的空气、优美的环境等方面的要求越来越高。但是，相当一部分城市水源污染严重，城市空气污染现象尚未有效改观，工业污染、城市污染向农村转移，生态功能退化等状况还在发展。我们的扶贫减困任务仍很艰巨，但是日常生活中大手大脚、铺张浪费、灯红酒绿、奢侈消费现象也屡见不鲜。

主要依靠物质投入、过度依赖能源资源消耗的传统发展方式，已经难以为继，并且是生态环境恶化的经济社会原因。建设生态文明，推动经济社会可持续发展，必须转变发展方式，转变与发展方式密切相关的生产方式和生活方式。生产方式和生活方式不进行根本性变革，生态环境就不可能出现根本性改观，就会继续出现边治理边污染、边恢复边破坏的现象。

人类历史上发生过多次经济发展方式转变，可以根据多重标准做出分类。如从狩猎经济向农耕经济转变，是根据劳动对象的变化；从以碳水化合物为主要能源的低碳经济向以碳氢化合物为主要能源的高碳经济转变，是根据主要能源类型的变化。资源依赖型的经济发展方式，主要依赖动植物、土地等自然资源获取生活资料，生产工具简单，科技不发达，经济发展缓慢，缺少变革。投资驱动型的经济发展方式，主要依靠机器大规模生产，对自然资源特别是不可再生资源充分甚至过度开发利用，资本成为经济发展的发动机。因此，生态文明呼唤创新驱动型的经济发展方式。

科学发展观坚持以人为本、全面协调可持续、统筹兼顾的发展，内在地包含人与自然环境和谐共处的生态文明观，包含建设生态文明的发展观。走科学发展道路，必然要坚持生产发展、生活富裕、生态良好的文明发展道路，建设资源节约型、环境友好型社会，实现经济发展与人口资源环境相协调，保证经济社会永续发展。推动科学发展、促进社会和谐的实践，也是生态文明建设的实践。着力转变不适应、不符合科学发展观的思想观念，解决影响和制约科学发展的突出问题，构建有利于科学发展的体制机制，也是树立生态文明理念，解决生态环境问题，构建与生态文明相一致、相协调的发展方式的深刻变革。生态文明建设统一于科学发展实践，科学发展推动发展方式变革，实质上就是在推动以生态文明为引领的发展方式变革。

三、正确把握重大关系妥善处理复杂矛盾

推进生态文明建设，转变经济发展方式，是深入贯彻落实科学发展观的战略部署。任务长期艰巨，变革重大深刻，必须迎难而上、奋发有为，正确把握重大关系，妥善处理复杂矛盾，为全面建成小康社会、实现社会主义现代化打下具有决定性意义的生态基础。

经济发展与生态基础相协调。今后一个时期，我国人口数量和经济总量还将继续增长，对资源能源的需求将继续增长。资源环境对经济社会发展的制约越来越明显，资源相对不足、环境承载能力

有限日益成为新发展阶段的基本国情。现有的资源环境条件能否为经济持续、快速发展提供支撑和保障，构成了极具挑战性的矛盾和困难。必须统筹人口资源环境和经济社会发展，把坚持科学发展作为坚持发展是硬道理的本质要求，调整经济结构，优化要素投入结构，加强节能增效和生态环保，实现速度和结构质量效益相统一，注重生态修复，从而破解可持续发展难题。

社会和谐与生态建设相协调。生态文明建设是社会和谐稳定的重要条件。如果生态环境受到严重破坏、生产生活环境恶化、资源能源供应高度紧张，人与人的和谐、人与社会的和谐是难以实现的，甚至会引发严重的社会问题和社会冲突。因此，社会和谐要求生态和谐。同时，社会和谐稳定又是生态文明建设的基本条件。生态文明建设必须在长期和平、稳定、发展的条件下才能有序推进，必须依靠全体社会成员的共识与合力才能取得明显成效。社会和谐与生态建设相互依存、良性互动，就能保证生态文明建设循序渐进，产生良好的社会效益。

公民权益与生态责任相协调。生态环境是一种公共产品，人们可以自由享用，环境权是公民的基本权利；人们为生态建设而投入的产出效益可以由他人分享，同样，人们对生态环境造成的损害也要由他人承受。生态文明建设是一项公共事业、社会事业，只有每个公民都承担起保护生态环境的责任，才能建成生态文明。推进生态文明建设，必须强化公民意识、履行公民责任。

资源分配与生态公平相协调。我国在改善民生方面做出了极大努力，取得了明显成效，但仍然存在城乡居民、不同社会群体收入差距过大、资源分配严重失衡状况，使社会公平在实际生活中没有得到很好体现。资源分配的不平衡，还影响到生态公平的实现，也就是环境资源条件对于不同地区、不同群体的不平衡。如全国仍有近 2.5 亿农村居民喝不上干净水，4 万多个乡镇中大多数没有环保基础设施。人民是生态文明建设的主体。生态文明建设的成果及评价，必须让广大人民群众满意和从中受惠。

文化传统与生态文明相协调。生态文明是一种先进文化，生态文明建设也是一种文化建设。生态文明的文化，要求继承和弘扬传统文化中的优秀成分，如"天人合一"、"道法自然"等。同时，一些文化心理、交往习俗、消费习惯等，需要改变更新，如宴请讲求丰盛、仪式讲求盛大等，与节约环保的要求不相符合。建设生态文明，要从身边事做起，从创新文化做起，让生态文明文化深入人心，推动建设生态文明的根本性变革。

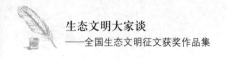

生态文明的哲学思考

山东省人民政府办公厅　刘爱军

党的十八大报告把生态文明放在突出位置，单独成篇，做了系统的阐述和全面的部署，这是马克思主义与中国实践相结合的重大成果，是人类社会的优秀文化成果，是中国共产党理论上的重大突破，是中国人民智慧的结晶，具有划时代的意义。在这样的背景下，从哲学的角度解读生态文明，对于大力推进生态文明建设、努力建设美丽中国、实现中华民族永续发展具有重大的理论价值和现实意义。

一、对生态文明的定位

当前，应对生态文明有准确的定位：

生态文明理念是科学发展观的重要内容。生态文明要求，要尊重生态规律，按生态规律办事，在保护好生态环境的前提下，适当满足人类合理的物质文化需求，使人口规模与生态容量相适应，使经济发展与生态容量相适应，使生活消费与生态容量相适应，真正实现良性循环、可持续发展。生态文明是生态规律、经济规律和社会规律相融合的文明形态，集中体现了科学发展观的基本方向和原则，是科学发展观的进一步阐释和升华，代表了科学发展观的核心价值。

生态文明是应对生态危机的总对策、总抓手。工业文明暂时缓解了生产和需求的矛盾，却激化了生产与自然的矛盾，生态被严重破坏，环境被严重污染，自然界正在经历着由量变到质变的重大转折，人类社会正面临着严峻的生态危机，甚至是生存危机。生态文明正是人类消除工业文明的负面影响，偿还生态欠债，应对生态危机的最佳选择。生态文明是人类社会发展的必然产物，是比工业文明更高级的文明形态。

生态文明是物质文明、政治文明和精神文明的基础。建设社会主义的物质文明、政治文明和精神文明，与建设社会主义的生态文明是互为条件、相互促进、不可分割的整体。一方面，物质文明、政治文明和精神文明离不开生态文明，没有良好的生态条件，人类既不可能有高度的物质享受，也不可能有高度的政治享受和精神享受。没有生态安全，人类自身就会陷入最深刻的生存危机。另一方面，人类自身作为建设生态文明的主体，必须将生态文明的内容和要求内在地体现在人类的法律制度、思想意识、生活方式和行为方式中，并以此作为衡量人类文明程度的一个基本标尺。

二、生态文明建设中存在的问题

当前，我国生态文明建设中还存在一些差距和不足，应该正确对待：

思想观念上有差距。由于生态文明是新思想、新观念，多数人对生态文明不熟识、不重视。特别是一些地方领导干部对生态文明的认识和理解还不够深入，存在着重经济轻生态的思想，需要采取适当措施在全党全社会牢固树立生态文明理念。

体制机制上有差距。生态文明是一种新的文明形态，现有的体制机制还不适应生态文明建设的需要，应建立和完善适应生态文明要求的体制机制和政策法律体系。

资金投入上有差距。目前，我们背负着巨大的生态欠债，生态

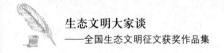

建设的资金投入严重不足，因此必须大力增加生态文明建设的资金投入。

理论研究上有差距。目前，尽管有不少的专家学者开始关注生态文明理论研究，但是与建设生态文明的迫切需要相比，还不足以提供强有力的支撑，需要大力关心、重视、支持生态文明理论的研究，特别是要重点扶持在生态文明理论研究方面有突出贡献的组织和专家学者，促其多出成果、出好成果。

组织领导上有差距。现在环保、水利、林业等各部门都在抓生态文明建设，缺乏统一的组织协调机构，政出多门的现象十分严重，难以形成生态文明建设的强大合力。

三、生态文明建设之路

建设社会主义生态文明，必须在发展理念和政治保障上做出重大突破，大力建设社会主义生态化国家。

正确处理发展理念上的几个关系。一是人与生态的关系。人类应当尊重自然、顺应自然、保护自然，合理地调节人与自然之间的物质交换，以消解人与自然之间的对立关系，最终实现人与自然和谐共处。

二是生存与发展的关系。生存是第一位的，发展是第二位的。人类首先要确保生存，然后才能谈得上发展。因此，建设生态文明必须把生存作为第一要务，把是否有利于生存作为检验发展正确与否的标准。

三是生态与经济的关系。生态是第一位的，是基础和前提。经济是第二位的，应服从、服务于生态。因此，建设生态文明就要坚持生态优先，在指导思想上吸收生态文明的精髓。

健全完善生态文明建设的政治保障。一是把生态文明作为基本国策，写入党章、写入宪法，把党的生态文明主张和人民的生态文明意愿转化为国家意志，由国家的力量予以推行并得到实现。

二是把满足人民群众的生态需要与物质文化需要放在同等重要的位置。人口的急剧膨胀、经济的快速发展与生态环境日益恶化之间的矛盾越来越突出，人民群众对生态的需要越来越迫切，不断满足人民的生态需要成为党和政府的重要任务。

三是以党中央、国务院的名义制定《关于加强生态文明建设的决定》，对生态文明建设做出全面部署，并着手制定《生态文明建设五年规划》。

四是重用那些具有生态文明意识的干部，把他们选拔到重要领导岗位上来。

大力建设生态文明国家。要尊重生态规律，按生态规律办事，把生态文明建设放在突出地位，融入经济建设、政治建设、文化建设、社会建设各方面和全过程。

一是建设生态经济。要使物质再生产与生态环境的容量相适应，建立完善的资源有偿使用和生态恢复补偿机制，在合理的限度内使用有限资源。使消费模式与生态环境的容量相适应，建立科学、合理、适度的绿色消费模式，在保证当代人基本需要的基础上，提倡艰苦奋斗、勤俭节约，努力建设资源节约型和环境友好型社会。

二是建设生态政治。必须选择正确的途径实现生态政治，以民主政治为基础，发扬环境民主，夯实生态政治的社会基础，构成对政府权力的有效制约，防止地方政府在环境和生态问题上的越权、滥权和不作为。要以生态文明理念为指导，进一步完善环境影响评价、生态税等环境法律法规体系，为生态政治营造良好的法制环境。

三是建设生态文化。在全社会范围内致力于培养完善的生态道德体系，继承和弘扬我国"天人合一"的传统生态文化，大胆吸收

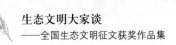

世界上一切优秀生态文化建设的成果，创造出符合时代特点的社会主义生态文化。大力实施环境教育，增强民众的生态意识，提高人民群众的生态环境素质。

四是建设生态环境。良好的生态环境是生态文明建设的基本内容。要把保护生态环境放到更加重要的位置，优先抓好有广泛影响的重点区域和重点工程，实施蓝天工程、碧水工程、褐土工程、绿色工程、宁静工程以及洁净工程。

五是建设生态社会。要将人口数量控制在一个合理的水平，以符合人口、资源和环境可持续发展的要求。加强区域性生态社会建设，大力建设生态文明省、市、县、乡、村和社区，生态文明工业园区，生态文明企业等，建立良好的社会生活环境体系和舒适优美的人居环境体系。

生态文明建设与新型工业化协调发展

福建师范大学马克思主义学院　邓翠华

西方先行工业化国家走的是"先污染，后治理"，以牺牲生态环境为代价的传统工业化道路。中国作为后发工业化国家在相当长的历史时期也基本沿袭了这条路径。然而，中国是在目前人类"生态足迹"已经超出了地球生态承载力多达25%前提下进入工业文明的。中国在进行工业化建设时，既没有先行工业化国家所具有的资源禀赋，也没有其所拥有的环境容量，遇到的资源环境约束可想而知。走出一条生态文明建设与新型工业化的协调发展的道路是我们的必然选择。

所谓生态文明建设与新型工业化的协调发展，是指在新型工业化与生态文明建设过程中相互促进、良性互动，协同并进，既完成工业化、现代化的任务，又提高生态文明建设水平。

促进生态文明建设与新型工业化的协调发展的路径，总体来说应按照党的十八大提出的，坚持走中国特色的新型工业化道路，"大力推进生态文明建设"，"把生态文明建设放在突出地位，融入经济建设、政治建设、文化建设、社会建设各方面和全过程。"具体地说，主要在如何促进二者的和谐一致、配合得当、良性循环、和谐发展上下功夫。

一、确立具有整体性、联系性、和谐性的生态文明世界观、价值观和伦理道德观，为生态文明建设与新型工业化协调发展打下思想基础

有些观点认为，生态文明建设与工业化存在对立关系。如认为，我国还是发展中国家，还没有实现工业化，建设生态文明会影响工业化的发展，从而也就阻碍了现代化目标的实现。要澄清这些误解，必须要从工业文明的对立思维中解放出来，超越二元对立、非此即彼的思维模式。一是要将生态文明建设的理念渗透到文化层面，形成生态文化。党的十八大强调要树立尊重自然、顺应自然、保护自然的生态文明理念。生态文明观念是生态文明世界观、生态价值观和生态伦理观的统一。要通过包括生态哲学、生态伦理、生态科技、生态教育、生态文学、生态文艺、生态美学等系统的生态文化建设，按照尊重自然、人与自然相和谐的要求赋予文化以生态文化的内涵。二是要建立完善的生态文明教育机制，从学校教育环节抓起，贯穿于国民教育的全过程及全社会教育的全过程。在全社会广泛开展宣传教育活动，提高人们的生态意识，形成浓郁的生态文化氛围，培育良好的生态道德，增强保护生态的责任意识，保护和建设生态要成为人们的自觉行为。通过宣传教育使人们辩证地看待生态文明建设与新型工业化的关系。不仅看到生态文明建设与工业化有矛盾的一面，更重要的是要看到通过工业化的生态化转向，二者有内在统一的一面。

二、加快实施主体功能区战略，形成生态文明建设与新型工业化协调发展的空间开发格局

改革开放以来，"血拼式竞争"和政府直接参与的地区竞争成

为中国改革开放、经济发展的两大显著特点。这两大特点导致各地区不顾自身的资源和环境条件的约束，竞相发展那些对 GDP 和地方财政贡献大的产业项目，区域无序开发现象严重。突出表现为在能源短缺地区发展高耗能产业，在水资源严重匮乏地区发展高耗水产业，在环境容量已经不足的地区继续发展高污染产业。

主体功能区战略是从空间开发格局上促进生态文明建设与新型工业化协调发展的重要举措。将国土空间划分为优化开发区、重点开发区、限制开发区和禁止开发区 4 种类型，就是要使不同类型区域的经济开发同资源承载力和环境容量相匹配，避免资源耗竭与环境污染。要将主体功能区战略落到实处还需要艰苦的努力。

一是要转变观念，树立生态产品也是生产力的观点。承认限制开发区和禁止开发区的生态功能及其对重点开发区和优化开发区的贡献。二是建立生态补偿机制及其各项配套机制，包括不同区域和利益主体之间的利益协调和补偿机制，地方政府的考评机制等，以解决限制开发区和禁止开发区因发挥生态功能而牺牲本地区工业经济发展带来的利益受损问题。

三、促进工业化生产方式的生态化转型，形成生态文明建设与新型工业化协调发展的物质基础

生态文明的物质基础是生态化生产方式，其核心产业是生态产业。生产方式和产业是相互区别、相互联系的关系，不同的产业部门可以有共同的生产方式，同一个产业可以有不同的生产方式。比如，工业和农业属于不同的产业，但可以采用相同的工业化生产方式。

促进生态文明建设与新型工业化的协调发展，一是要调整产业结构，发展生态产业。生态产业包括产业的生态化和环保产业。一方面，将生态文明的理念渗透到各传统产业，包括农业、工业和服

务业，采用新技术进行生态化改造，形成产业的生态化；另一方面，要发展环保产业。环保产业是为防治污染、改善生态环境、保护资源提供物质基础和技术保障的产业。二是将工业化生产方式改造为生态化生产方式。通过清洁生产和循环经济等实践模式尽量节约资源、减少污染。三是推进科技创新生态化。生产方式的生态化转型，生态产业的产生依赖于生态化的技术体系。我国正处于工业化加速发展阶段，生产技术水平低和增长方式粗放，导致我国资源消耗总量上升，资源产出率低，环境成本过高。我国的新能源虽然产量大，但由于没有掌握核心技术，发展受到了很大的阻碍。因此，一方面要吸收现有技术的合理因素，发挥科学技术的生态功能，推进科技创新与突破，形成与自然相融合、符合人的发展需要的生态技术，并运用生态化技术开发新能源、新材料；另一方面，应当从根本上遏制反生态科学技术的开发和使用，尽可能消除科学技术的负面效应。形成促进生态文明建设与新型工业化协调发展的科技支撑体系。

四、推进制度创新的生态化，形成生态文明建设与新型工业化协调发展的保障机制

党的十八大强调，要加强生态文明的制度建设。在节约资源、保护环境问题上，市场往往失灵。因此，需要政府政策的引导、法律法规的制约、良好的监督处罚机制和社会监督体系等保障制度和机制。近年来，我国制定和出台了一系列政策、法律、法规，但还不够完善。如机制体制尚不顺畅，尤其是环境资源管理协调机制不健全，尚未形成合力，目前的绿色制度主要体现在生产领域，而涉及流通、分配及消费领域的制度基本缺失。

因此，一是政府要将工业化与生态文明建设协调发展的理念落实到相关政策制定与执行中，完善政策引导和扶持机制。要发挥政

策的整合效应。不仅要以社会经济发展规划的宏观政策来引导、扶持工业化与生态文明建设的协调发展，而且生产、流通、消费等领域的相关政策也要形成引导、扶持合力。二是要加强生态法制建设，创造适应生态文明建设的法治环境。进一步健全完善我国关于生态环境保护的法律法规，加大处罚力度。环境法制最突出的问题就是违法成本低的问题长期没有得到解决，不能让地方和企业以牺牲环境为代价获得的经济效益高于因法律制裁所付出的经济成本。三是要建立社会监督体系。通过环境保护组织的途径，将社会公众有效地组织起来，在环境保护的决策、立法、监督、宣传、教育等方面发挥积极作用。

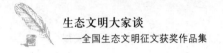

环境政策制订要重视差异性

环境保护部污染防治司　李蕾

　　贯彻落实科学发展观的一个重大成果，就是中央把生态文明建设与经济建设、政治建设、文化建设、社会建设并列为五大建设，作为中国特色社会主义事业总体布局的重要组成部分。这是为了解决当前和今后一个时期我国人与自然的突出矛盾提出来的，是对生产发展、生活富裕、生态良好的文明发展道路的积极探索。

　　笔者曾在黑龙江省挂职两年，期间几乎走遍了黑龙江省的所有地方，对黑龙江省的社会经济发展、环境保护和生态建设有了更深入的了解。一个问题在笔者脑海中越来越清晰，就是在今后制定相关环境政策中，能否在社会经济基础及环境保护实际状况等方面，更多地考虑这些发展比较落后的地区与发达地区的差别所在。采取"共同但有区别"的环保政策，促进和谐发展、可持续发展，共建生态文明。

　　改革开放以来，我国长三角、珠三角和京津冀三大都市经济圈迅速发展，其经济发展水平远远超过全国平均发展水平。三大经济圈地区生产总值（GDP）占全国比重达到 38.2%，进出口贸易总额占全国总额的 76.7%，实际利用外商直接投资额占全国的 85.5%，全社会固定资产投资总额占全国的比重达到 29.6%，社会消费品零售总额占全国的比重达到 36.9%。因此，三大经济圈可以作为当今中国的发达地区。

但经济高速发展不可避免地导致京津冀、长三角、珠三角城市群大气复合型区域污染日渐显现。相关研究表明，京津冀、长三角、珠三角三大城市群国土面积仅占全国的 6.3%，却消耗了全国 40%的煤炭，生产了 50%的钢铁。污染物排放集中，污染排放总量大，工业污染源、机动车尾气和油气、溶剂挥发污染快速增长。加上原来尚未解决的区域性煤烟型污染，使三大经济圈大气污染物类型和浓度变化更加复杂。水污染、固废污染等问题也比较集中。

黑龙江省位于祖国东北重要边陲，拥有大森林、大湿地、大湖泊和大界江，绝大多数地区的空气质量全部达到二级以上，生态环境质量总体上保持良好。全省森林覆盖率达 43%，自然保护区达到190 个，占全省国土面积的 13.5%，是国家的"绿色屏障"。

但长期以来，黑龙江省经济发展特别是工业经济发展落后，远远滞后于发达地区。全省工业用地面积仅占全省土地面积的 0.35%。在全省 13 个地市中，工业主要集中在大庆、哈尔滨和齐齐哈尔 3 个城市，而全省其他地区大多工业发展相当落后，地方财政基础相当薄弱。全省 60 多个县（市）财政收入过亿元的县（市）只有 3 个，在 5 亿～10 亿元之间的只有 9 个，1 亿元以下的有 16 个，约占全省的 1/4。历届中国县域经济基本竞争力百强县（市）从未列有黑龙江省任何县（市）。

黑龙江省单位万元 GDP 排放废水强度较低，在全国各省中倒数第 4；单位面积工业废水排放总量低，江苏、浙江省单位土地面积上工业废水排放量分别是黑龙江省的 30 倍和 22 倍；工业企业数量少，江苏、浙江省工业企业个数分别是黑龙江省的 7 倍和 10 倍；人口密度低，生活污染较低，山东、河南省土地面积是黑龙江省的 1/3，而人口比黑龙江省多 3 倍；江苏省土地面积是黑龙江省 1/5，而人口比黑龙江省多 2 倍。

发达地区在工业化、城市化快速发展过程当中，排放了大量的污染物，环境质量恶化，是造成全国污染排放总量大的主要原因。而发展落后地区还处于工业化、城市化的初级阶段，尚拥有良好的生态环境，这对于国家而言也是一种资源、一种财富，需要倍加珍惜和保护。但这些地区人民的生活水平也需要提高，享受社会发展的共同成果，也需要发展经济。

发展落后地区在发展中再不能走先污染后治理的老路，要通过实行环境补偿、保护优先等政策，科学控制这些地区对资源环境的开发和利用。在黑龙江松花江流域推行休养生息战略就是建设生态文明的重大举措。其内涵就是要以水环境容量确定发展方式和发展规模，减轻经济社会活动的压力；就是要综合运用工程、技术、生态等方法，削减排入生态系统的污染负荷；就是要尊重自然规律，充分发挥水生态系统自我修复能力，开展生态恢复，促进水生态系统尽快步入良性循环的轨道。实现这样的目标，既要牺牲一些经济增长速度，又需要大量资金作为支撑。

从现实能力看，发达地区已经拥有雄厚的经济实力，掌握着先进的污染治理技术，理应为污染减排承担更多的义务。而发展落后地区仍处在以经济社会发展以及消除贫困为优先任务阶段，发展落后地区既没有足够的财力，也缺乏先进的技术手段，还面临着发展经济、消除贫困、应对减排、保护生态环境等多重艰巨任务，更需要资金的支持。

国务院提出加速振兴东北老工业基地发展的10项具体措施，为黑龙江省经济发展提供了机遇。但与此同时，对保护黑龙江省良好生态环境以及实现松花江流域休养生息战略也提出了严峻的挑战：一是要发展，就要有大批的环境基础设施如污水、垃圾处理设施等作前提保障，而黑龙江省的环境基础设施建设历史账较多，急需资金支持加快建设，否则将成为发展的"瓶颈"；二是作为国家的生态屏障，大小兴安岭的生态保护任务相当繁重，划定限制和禁止开发区，急需补偿资金支持；三是国家正在实施的 1 000 亿斤粮食计划，黑龙江任务首当其冲，面源污染、地下水资源破坏问题更加突出；四是东部煤化工发展对环境的影响将日益严峻。

发达地区和发展落后地区在环境保护工作中应采取共同但有区别的政策。保护环境的共同责任固然重要，但也不能忘了区别责任。发达地区必须率先大幅度减排，为落后地区的发展腾出必要的排放空间。同时，要向落后地区提供资金、技术和能力建设支持，以建立帮扶对子、区域协作、友好城市等方式，使落后地区能够有资金、有技术、有能力采取预防为主、保护良好生态环境的措施，减缓污染排放，实现可持续发展。

国家在制订有关环境政策时，不能全国"一刀切"。现在一些国家环境政策来自于经济发达地区的经验，他们有更多的话语权，但实际上有些政策对落后地区的发展是一种限制，带来了事实上的社会不公平和不和谐。发展落后地区财力薄弱，要保护环境，就需要国家给予更多的资金、技术和人才支持，补偿落后地区为保护环境做出的牺牲。特别是国家在重点工程项目支持方面，要对发展落后地区的环境保护、生态建设等基础设施项目以及环境监管能力建设项目，给予更大的倾斜；在满足环保要求的前提下，优先、加快支持落后地区的经济建设等。

针对黑龙江省目前的财力状况，从发展战略角度，要在发展中保护好良好生态环境，让松花江休养生息。要像国家为黑龙江省林业休养生息而实施的天然林保护工程（即"天保工程"）一样，优先在松花江流域实行环境补偿政策，增加中央对黑龙江省生态建设和环境保护的转移支付。以"谁开发谁保护、谁污染谁治理、谁受

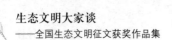

益谁补偿"为基本原则，坚持因时因地制宜、区分具体情况、循序渐进的步骤，建立环境财政转移支付制度，充分考虑保护生态环境因素，加大对限制和禁止开发区的转移支付力度。

总之，建设生态文明、保护环境是大家共同的责任，但要处理好全局与局部、中央与地方的关系。实施"共同但有区别"的政策，实行分类指导、分区管理，尊重自然规律，形成各具特色的发展格局。按照优化开发、重点开发、限制开发和禁止开发 4 类主体功能区区划的不同要求，落实配套政策措施，合理安排经济建设和生态建设，共建生态文明，共享美好家园。

无路可逃　只有迎难而上

青海省人大常委会办公厅　多杰群增

"我们都应该趁清醒的时候用罗盘检视我们的方向，不要到迷途才知返。"

——梭罗

　　曾经，我居住的地方是那样美好，屋后的山顶积雪皑皑，在日月轮回中放射温和的光芒，山脚下永不枯竭的清水潺潺流淌，沁人心脾；顶空的蓝天纯净透明，白云悠闲地舒卷，就像宗教一样令人晕眩，即使无月的夜里，也能在星光下穿针引线；曾经，四周静谧而芬芳，泥土的味道，花儿的味道，青草的味道，是那样纯正而久远，即便是腐烂的植物、动物的骨殖，亦如酒糟的醇香让人迷醉……

　　曾经，曾经啊，仿佛是在前世，又恍若是昨天。可如今呢？脚下的大地已被掏空，随时可能掉进深渊万劫不复，头顶的天空黑洞密布，降下的是腐蚀的酸雨和呛人的尘土，空气中充满了有毒的物质，到处是被人抛弃的垃圾和垃圾一样被抛弃的灵魂……如今，如今啊，我无处立足，只得逃离家园，像一个幽灵四处漂泊。

　　我逃离，成为一个无国籍的流浪者。从雪线上升、山岩裸露、鹰隼消失的高原逃离，从丰美不再、四野荒漠、牛羊绝迹的草原逃离，从水源枯竭、遍地污秽、疾病肆虐的乡村逃离，从充斥着毒素与细

53

菌而且人满为患的城市逃离，从冰架崩解鱼类集体自杀的极地逃离。我拼命地逃，不停地奔走，疲惫不堪却不敢稍息。甚至，我不敢呼吸，也不敢进食，因为到处是变异的毒品，充满着有害的物质。终于有一天，我走到了天涯海角。这里，或许会稍许干净一些吧？以下是我当时所见所感而写的《面海》：

此刻我俯首向海。据说

祖先们从这里走上陆岸

并沿途摘掉身上多余的部分

丢弃了返回家园的牌照。此刻

我俯首向海期待着

远房兄弟的面庞浮上水

亲切地向我说一声：嗨

可我却为水中的景象而

战栗：我的亲人们摆动着

优雅的长尾正在

为一缕阳光或一口食物打斗

甚至没有被邀请

就闯进别人的家园吞噬

有的不断改换颜色伪装自己

有的互吻言和却转瞬扭打在一起

强者撕咬弱者亡命

我正猜想这些景象为什么

与我居住的地方如此相像，为什么

多年前祖先们离家出走蓦然

我被游鱼喷了一脸腥水

像是在招呼回到家的游子
我慌忙上岸却发现身后
已无路可逃
我由此确定
这里是我们的老家确定
人类和它们之间的
血缘关系

我无暇伤感，继续奔逃。来到了一个国家，这里的人们温文尔雅，彬彬有礼，举着自由民主的牌子，过着舒适富足的生活，空气清新，环境雅致，我心想终于可以安居下来了。可没过多久，我发现他们道貌岸然的外衣下却包裹着冷漠的心，他们极少的人口消费了世界极多的能源，他们高水平的生活基于世界最高水平的人均能源消费和世界最高水平的人均二氧化碳排放，其他大部分国家则不足其 1/10。我私底下问他们：能否放弃目前这种奢侈的生活方式，或者稍加收敛一些，让其他国家的人们也能喘口气？然而，他们却傲慢地昂着头，发出一个奇怪的声音“No”，表示绝无可能。原来，他们的自由是建立在更多人不自由的基础之上，他们纯净的空气和优美的环境是以别人的窒息和他国的破败为代价，他们张开双臂走向你，貌似友好的拥抱，其实一只手向你索要东西，另一只手里握着武器。我忍无可忍，再次逃离。

之后，我来到另外一些国家，喜出望外。他们自诩为全球能源政策的“早期推动者和当前引领者”。他们大义凛然地承诺：在 2050 年之前，将温室气体排放量在 1990 年的基础上减少 80%～95%。闻听这个消息，我百感交集，涕零如雨。可是，我定神仔细观察，他们或者因为实现承诺的成本太高而行动迟缓，或者因为国家地位与权力的竞争而难以割舍，或者因为“绿色竞赛”、外交冲突而徘徊不前，甚至有的成员自行其是，另搞一套。原来，

他们定方案、搞计划、订指标、提要求，不过是想在世界上建立一套自己主导的话语体系！一度，我还热心地建议：温室效应是日积月累形成的，"冰冻三尺非一日之寒"，发达国家应该更多地承担责任，以其发展水平按比例为历史账埋单。对此，他们顾左右而言他，置之不理。我只好失望地离开这个地方。

此前和此后，我历经许多面积或大或小、人口或多或少的国家。每到一处，尽是热浪滚滚，烟尘弥漫。在这些地方生存，必须练就水米不进、百毒不侵的金刚不坏之身。这里的人们为了些许蝇头小利，不惜破坏家园，污染山河。他们以身试毒，在自己的胃里进行各种化学试验。他们常常为要生存还是要环境争论不休。在这些地方，我唯有"长太息以掩涕"，转身离开。

我茫然四顾，"上穷碧落下黄泉"，竟然无处可去。我郁闷地望着千疮百孔的地球，如同看着一只艳丽的苹果一点点腐烂，终有一天被上帝扔进宇宙黑洞的垃圾桶里。或者像人类猜想为自己故居的火星一样，成为一个死球。我当然不是杞人忧天，按照目前的消费水平，地球上的煤炭只够用236年，石油可用45年，天然气和铀仅够50多年。自诩为万物灵长的人类，赶紧自救吧，一万年太久！

我最终决定——不逃了。俗话说儿不嫌母丑狗不嫌家贫，我也不嫌寄住的这颗星球热点儿、毒点儿、乱点儿。神话中的女娲炼石以补天裂，精卫衔石以填深海，愚公九旬以移巨山，我虽不能扭转乾坤，但为了改变环境愿竭尽绵力。

建设生态文明要强化生态意识

安徽大学资源与环境工程学院　洪云钢

　　任何形态的文明，一般都是由观念（意识）与行为构成。生态文明也是如此。建设生态文明，必须在全社会范围内形成健康的生态意识。所谓生态意识，就是通过对生态问题的理性自觉，达到对生态与人类发展关系的深刻领悟与把握，并由此形成人们对待生态的普遍观念与基本理念。只有对生态问题有明确的、合理的意识，才能在处理生态问题上有合理的行为；只有意识与观念的文明，才有可能形成整个生态的文明。因此，提高生态自觉，增强生态意识，对于建设生态文明至关重要。

　　生态意识是生态自觉的产物，它在生态问题上有明确的基本理念、价值指向、目标追求、评价标准、发展方式等，完整的生态意识就是由这些元素构成的。生态意识作为一种观念性的存在，涉及生态问题的方方面面。但从总体来看，可以划分为宏观与微观两大层次，即宏观层次的生态意识与微观层次的生态意识。这里所讲的宏观层次的生态意识，主要是就国家与社会的总体而言的；微观层次的生态意识，主要是就社会成员个体而言的。

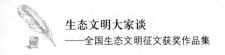

一、宏观层次的生态意识

就宏观层次来看，目前重点是要增强这样几种意识：

（一）和谐意识

良性生态的构建，其要义是使人与自然和谐相处。实现人与自然的和谐，就是要寻求生产发展、生活富裕、生态良好的最佳结合。这对我们这样一个人均资源占有量较少和生态环境比较脆弱的国家来说尤为重要。建立人与自然之间新型的和谐观，关键是要明确生产与生态这几种关系的认识：

首先是社会生产力与自然生产力的关系。要加快社会发展，必须大力发展社会生产力，但发展社会生产力不能无视自然生产力。

其次是经济再生产与自然再生产的关系。自然再生产是指自然界按照其自身运动的规律，根据自然气候条件的变化缓慢地、有序地进行的生产和再生产过程。如果只注意经济再生产的增长而不注意自然再生产的补偿和顺利进行，那就必然使自然再生产的能力即自然资源的再生能力受到破坏，最后严重抑制经济再生产的正常进行。

再次是经济系统与生态系统的关系。生态经济学研究的一个基本特征，就是把经济规律与生态规律结合起来加以综合考虑，强调经济系统与生态系统的叠加效益和综合效益，注重二者的互动作用。

（二）文明意识

将文明引入生态发展，或将生态发展上升到文明的高度来看待，这是对生态问题的重大觉醒和认识上的重大升华，是生态意识的明显体现。生态文明通常有狭义和广义两种理解。狭义的生态文明主要是指处理人与自然关系时所达到的文明程度，它是相对于物质文明、精神文明和政治文明而言的；广义的生态文明则是指人类文明发展的新阶段，即继原始文明、农业文明、工业文明之后的人类文明形态。

正是在生态、环境、资源的巨大压力下，生态文明才引起人们的高度警觉与重视。因此，生态文明的提出并不是纯粹的自然关系引发的，而是由人的行为造成的，并且是由人的生存发展状况凸显出来的。既然生态文明是由人的问题引起的，并且最终指向的是人的正常生存和发展，那么，要建设生态文明，就必须对人自身的观念、行为作出深刻的审查。

由于在历史上文明的产生和发展主要缘起于人类对自然的改造及其所取得的各种有益成果，因而这种引以自豪的文明使得人们过分自我崇拜，过分相信自己主体性的发挥。正是以这样的文化观念为基础，人们在追求自己的利益和满足自己的需要时，往往忘记了各种理性的、伦理的准则，采取了种种不文明的行为。

因此，我们今天所面对的危机，实际上是以生态的不平衡反映了人类自我内在的不平衡（非理性的膨胀）。而要恢复这种平衡，就要使自我实现一场革命，真正使自己的观念、行为文明起来。要实现这样的革命，关键是要使人的素质有一场革命，即实现人的理性、精神上的革命。

（三）持续意识

伴随科学技术的进步和人类改造自然能力的增强，人们在使经济加速增长的同时，对生态环境的破坏也呈加速的趋势。正是面对这样的挑战，可持续发展的呼声逐渐兴起并日益高涨。可持续发展的基本要义是：在经济发展的同时，注意保护资源、改善环境、控制人口合理增长，实现经济与社会的协调发展；发展不仅要满足当代人的需要，而且要考虑后代人的需要，今天的人类发展不能以牺牲后代人的幸福为代价。正是代内、代际持续发展的需要，才迫切

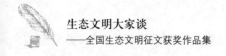

要求我们在生态问题上树立持续意识。

要树立持续意识,重要的是明确两个关系问题:首先是生存与发展的关系;其次是眼前利益与长远利益的关系。

二、微观层次的生态意识

就微观层次来看,即在社会成员这一层次来看,应当在这样一些认识上实现新的转换:

(一)消费意识

经济发展依赖于生产和消费的有力推动。保持生产与消费的良性互动,是经济发展的必要条件。然而当前,过度消费问题日益突出,超前消费、奢侈消费、炫耀性消费以及野蛮消费等成为其主要表现。这样消费的结果,便使生态问题的加剧,并形成严重的生态危机,而生态危机又往往引发生产危机以至整个经济发展的危机。

因此,要树立正确的生态意识,必须在消费观上实现一场变革。这就是要求人们不能把生态环境仅仅看作是消费对象,而是要首先作为人类家园。这种观念上的转变,相应地要求人们的消费应当确立明确的节约意识、保护意识、危机意识,树立理性消费、文明消费理念。只有这样的意识和理念,才会有合理的消费行为和消费方式。

(二)价值意识

人的行为总是带有特定的目的,而特定的目的又体现着一定的价值追求。市场大潮的发展,使不少人追求的目标不再仅仅是自然需要的满足,而是更大的利润。正是受这种价值追求的驱动,使生态严重失衡。

因此,在人与自然的关系上,人们必须调整自己的价值观,以和善友好的态度来对待自然。需要指出的是,价值意识起源于人对自我生存意义的体认和领悟。这就涉及如何看待生存意义即生命意义的问题。人作为一个生命体，既是一个自然存在物，又是一个超自然存在物。作为自然存在物，他必须维持肉体生命的生存，进行功利追求；作为超自然存在物，他不能把功利追求作为自己生命的全部，又有自己的精神追求。所以，健全的生存价值观不是单纯的功利观，不是纯粹的欲望满足。唯有纠正这样的价值取向，才有可能遏制生态掠夺行为的蔓延。

（三）权利与义务意识

随着野蛮的、掠夺式的开发和经营，人们赖以生存的土地、水源、矿产、能源、森林、草地、生物等资源伤痕累累，资源和环境危机四起，自然界给予无情的报复。严酷的事实表明：人有对自然界野蛮掠夺的权利，自然界也有对人无情报复的权利；人对自然界不负责、不尽义务，自然界也会无情无义。在人与自然的关系上，权利与义务就是这样紧密结合在一起的。这就要求我们树立一种新的权利与义务意识，自觉规范和约束自己的行为。

这样的意识与规范，实际上就是学术界通常所讲的责任伦理。责任伦理要求我们必须从只把自然当成改造对象的征服意识转化为人与环境统一的伙伴意识，深刻意识到大自然是人类赖以生存的唯一家园，掠夺自然就是自伤人类的身体和家园，从而真正树立一种生态伦理精神，规范和约束自己的行为。

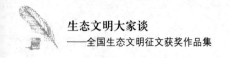
加强宣传教育　培养农民的生态观

湖南省郴州市环境保护局　曹国选

生态文明建设根本上要实现人的生态化。我国是一个农业大国，大部分国土在农村，大部分人口是农民。如何培养农民的生态观，是目前迫切需要解决的问题。

一、农民的生态思维和生态行为分析

根深蒂固的传统观念酿成了农民的生态思维定式。由于我国长期处于封建社会，自给自足的小农经济意识和农耕文化观念浓烈，农民群众受教育的程度普遍较低，现代经济意识不强，生态意识比较淡薄。很多人认为，农村地大物博，环境自净能力强，污染危害不足挂齿，或者认为农村主要是经济落后，并非环境落后。

粗放型的经济增长方式形成了农民的生态行为模式。不少农村地区存在"靠山吃山、靠水吃水"这样一种生产生活理念，但是对这种理念的认识存在偏颇，有些地区走入"只取不予"或"多取少予"的行为误区。粗放型的生产方式和传统型的生活方式，使农业经济发展处于速度慢、水平低、效益差的发展状况。对于宝贵的能源原材料，可能并未思考过通过精深加工进行充分利用和再利用可以创造最大的经济效益。种植、养殖业缺乏规模化，很多农民进行种植、养殖是为了自给自足，种粮为糊口、养猪为过年、养鸡为换盐的现象十分普遍。

工业经济发展中的问题影响农民生态文明意识的形成。工业文明促使农民在生产中不断掌握先进科技成果，但在科学技术日新月异、眼花缭乱的时代，广大农民只认识到这把"双刃剑"的一面而忽视了另一面。在农村生产生活中，只追求数量、不注重质量的现象普遍存在，如农业生产超量使用化肥、农药、农膜、除草剂以及各类激素，以求农产品产量高，却没有意识到这些化学品造成的面源污染直接影响到了产品质量。

二、通过多种方式培养农民生态观

　　运用健康观启迪农民的生态观。随着经济社会的快速发展，生活水平大为提升，人们开始追求生态型生活方式。无论城市乡村，追求生活质量、追求无灾无病、追求健康长寿的愿望是相同的。因此，应该用科学道理去教育农民认识到一些生产生活习惯可能对健康有影响。如在农业生产中长期、过量使用化肥、农药等无机化学物，必然对农作物、各类生物、水土环境造成污染，从而降低农产品品质，直接威胁自身健康。在日常生活习惯方面，农家生活采用柴禾粪块烧水做饭、点松明子照明等方式，虽然具有经济实惠、方便效能等特点，但是柴薪能源形成的烟气、粉尘污染给生存环境和人体健康所带来的危害是显而易见的。

　　运用资源观启迪农民的生态观。要对农民进行宣传教育，告诉他们农村的自然生态资源虽然丰富，而且不乏可再生资源，但不少也属于不可再生资源。可再生资源被利用后还有恢复、补充、发展的希望，不可再生资源却是用一点少一点，当代人用完了，后代人就没有了。此外，还要用传统美德去教育感化农民，可以根据农民的宗教信仰习惯，吸纳传统文化中的精化，帮助提升农民的资源观和生态观。如告诉农民，片面地、简单地靠山吃山，靠水吃水，无序过度地开发利用资源，或者只取不予、多取少予，实质上是一种短视行为。如果把山吃崩、把水吃没、把野生动植物吃光了，人类也就丧失生存与发展的基础环境。因此，在生产生活中要把自然生态资源、自然界其他物种当作人类的朋友，亲近而不疏远，关爱而不伤害。

运用循环观启迪农民的生态观。当前部分人对自然生态资源的利用，只认识到它的一次性价值，没有认识到它的循环性，对于某些资源只认识其无用性，没有认识到它的有用性。如农村生产生活中产生的大量有机废弃物，是不可多得的资源和能源。农作物秸秆、人粪尿、畜禽粪便、落叶枯草、废材木屑等，不仅是农业生产重要的有机肥料，还是农村生活重要的能源资源。但是，随着无机化肥的推广应用，人们对"当家肥"的认识淡化了，对其循环利用开发能源的认识更加不足。农村生产生活中的有机废弃物，并没有被当作一种资源，而被视为废物任其进入环境，或者作简单的焚烧处理，造成大量资源浪费。

对于有机废弃物的开发利用和再利用，近些年来各地创造了不少新经验。不少农村推行了生态富民工程，有机废弃物除被用于开发沼气外，还被用作种植粮食作物和果树的有机肥料，被用于养鱼，形成了"畜禽—沼—果（烟、稻、鱼、菜）"的生态农业模式。一些地区推行了以有机无公害产（食）品为主体的农业产业化工程，成功地走出了一条"公司＋基地＋农户"的产业化路子。一些山区兴建了复合型板材加工企业以及各类农产品、矿产品精深加工企业，将有机废弃物广泛应用于生产生活，既有效破除了农民传统陈旧生产生活观念，又促进了有机废弃物的利用和再利用，推进了农村循环经济的发展。因此，应该通过这些实际案例，教育农民珍惜自然资源，改变当前农村资源能源开发利用不足、浪费严重的现状，形成开发利用有机资源、发展循环经济、改善农村经济结构和能源结构的自觉性，从而树立生态文明观念。

三、加强农村环境制度建设和生态创建

切实加强农村环境制度建设。我国自建立环境保护制度以来，环境污染防治的重点一直是工业污染和城市污染，农村环境保护有意无意地被忽视或轻视。随着乡镇工业污染的长期积累增加，农业面源污染居高不下，城市工业、生活污染向农村大量转移，致使农村环境污染与生态破坏日显突出，农村环境保护的重担义不容辞地落在了农村社区的肩上。农村社区要充分利用新农村建设的大好时机，尽快确立环保目标，制定环保规划，建立环保机制，切实解决无环保机构、无环保人员、无环保基础设施、无环保投入的问题，确保领导到位、认识到位、责任到位、措施到位、投入到位，实现农村环保工作规范化、制度化。农村社区要从解决当地污染危害大、群众反映强烈的环境问题做起，解决诸如饮用水恶化、环境脏乱差、乱砍滥伐林木等民生问题。在加强制度建设、解决农村环境问题的过程中，加强宣传教育，促使农民群众形成生态观念，养成良好的生产生活习惯。

科学运用农村经济激励政策。改变农村传统落后的生产生活习惯，培育农民现代生产生活观念和行为，要讲实际、求实效。近些年来，中央和地方政府及其相关部门相继推出了不少支农惠农政策措施，农村社区要建立完善激励机制，通过项目带动、产业带动、科技带动和环保带动，用足、用好、用活这些政策，特别要以市场为导向、以产品质量为核心、以循环经济为途径、以绿色有机农业为发展基础和目标，切实消除耕地抛荒、资源浪费现象，抛弃刀耕火种、涸泽而渔的习惯，解决农业经济低水平、低层次、低效率、资源化程

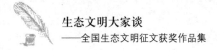

度不高的问题，大力推进农村退耕还林、清洁能源开发、有机农业、清洁工业和生态旅游项目等工程项目建设，大力推进绿色农业产业化、有机废弃物资源化、农村经济循环化，大力促使农民自觉使用节能环保的新技术、新工艺、新产品，拉动整个农业经济向产业化、集约化、有机化、市场化方向发展，促进农村经济社会全面协调可持续发展。各项政策的落实过程中，农民自然会认识到生态保护的重要性，会提高自身的生态观。

积极开展社区生态文明创建活动。农村社区要将生态文明建设与基层组织建设、道德文化建设和精神文明建设紧密结合，全面开展生态文明创建活动。生态文明创建活动可以单独开展，更多的应该将生态意识融入各种文明创建活动之中。通过"环境优美乡（镇）村"、"文明单位"、"卫生单位"、"健康家庭"、"节能环保家庭"等形式多样、内容丰富的创建活动，帮助广大农民建立八荣八耻的社会主义荣辱观，建立现代农业、集约农业、绿色农业和特色农业的观念，使广大农村形成讲文明、树新风、爱家园、美环境的良好氛围，让生态观逐步在广大农民的日常生产生活中建立起来。

小女孩救老树

江苏省南京市南化实验小学　李纳米

"嘿，嘿，嘿……""一二，一二，一二……"

走进公园，我仿佛走进了健身房：一群人围在几棵高大的老树旁，在起劲地锻炼身体。有的把腿压在树枝上，喊着口号；有的人用力一蹦，抓住了一根树干，开始了引体向上；有的人图好玩，用脚使劲地踢大树的树根……

哎！一棵百年老树竟被他们欺负得瑟瑟发抖！

许多鸟儿惶恐不安地从树枝上跳起来，叽叽喳喳地围成团，头向上，好像在向太阳呼救。太阳公公居高临下，看得很清楚，虽然也很气愤，却也无可奈何。

而过路的行人连看也不看便走了，这样的事其实早已司空见惯了！

"叔叔、阿姨，大树是我们的朋友，它既能净化空气，又能绿化环境，还可以……"

正当我为这可怜的大树焦急万分的时候，一个小女孩站了出来。

啊！她才七八岁，满脸的严肃却未脱稚气。她穿着一个小棉袄，小脸通红，显然已经看了很长时间。她伸出手，皱着眉头，愤怒却有礼貌地说着。这小小年纪，说起话来铿锵有力，咄咄逼人。真棒呀！我在心中默默称赞。同时，我的脸也唰的一下红了，尽管我也忿忿不平，可我却不敢站出来主持公道。

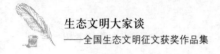

　　面对这个小妹妹，叔叔、阿姨却无动于衷。有的人照样我行我素，有的人凶狠地瞪着她。她顿了顿，迎面看到了这刀子般尖锐的目光，并没有退缩，反而越说越有劲。虽然她眼里已经充满了泪水，但她看到：有的叔叔、阿姨已经认识到自己错了，但没有台阶下，也没有承认错误的勇气。她害怕叔叔、阿姨恼羞成怒，赶紧补充说："我知道，叔叔、阿姨是找不到健身器材，才迫不得已来到这里。前面右拐那里就有一个健身的地方，希望大家不要再来这里了。我替大树谢谢你们了！"小女孩深深地向大家鞠了一躬。

　　有些叔叔、阿姨有点不好意思了，也有些叔叔、阿姨向她投来赞许的目光，而她那双清澈的大眼睛一直在注视着那些大人，那么真诚，又那么迫切，终于，有一个叔叔离开了，之后是两个阿姨，三个……

　　从此以后，再也没有人在那里健身了！我每次来到公园，每看到那些老树，就会想起那个小女孩、想起她的话……

汾河在这里拐了个弯

山西省政协委员会　马跟云

　　因为工作的关系，常常往返于汾河两岸。汽车开上汾河大桥，透过车窗，汾河水是那么安详地、静静地流淌。汽车引擎的轰鸣，激起我心中的涟漪……

　　30年前，我迷恋这里的风光，常在这里写生，这里有我的初恋。生活在汾河岸边的临汾几十年了，越来越迷醉于这块热土，即便是最伤痛、最失败的时候，也总还要发掘她的魅力、她的诱惑。她让我苦苦追索，让我壮怀激烈。

　　临汾，因靠近汾河而得名。"临汾有个大鼓楼，半截子插到天里头。"在鼓楼的四面题有：东临雷霍，西控河汾，南通秦蜀，北达幽并。其中，西控河汾中的汾即指汾河。

　　汾河是三晋母亲河，是山西最大的河流，也是黄河的第二大支流。她发源于宁武县东寨镇管涔山脉楼山下的水田洞，流经6个地市34个县市，穿峡谷，贯盆地，绕城市，一路欢歌在河津市汇入黄河，全长710公里，流域面积39 741平方公里，约占全省面积的1/4，养育着全省41%的人民。传说战国时期有秦穆公"泛舟之役"；汉武帝乘坐楼船溯汾河而行；从隋到唐、宋、辽、金，山西的粮食和管涔山上的奇松古木经汾河入黄河、渭河漕运到长安等地，史书称"万木下汾河"。

　　汾河是美丽的，如果站在东西两山俯瞰，汾河像一条飘动跳跃的白色玉带从一处绿色原野中穿过。那墨绿色一丛一丛的，便是原野中的村庄。当你走近河岸观看，另是一番景象，汾河进入到平原，宽阔平缓。主河道的两边，形成了许多沙滩、沼泽、草甸和水洼。尤其是刚发过洪水之后，那平整柔软的沙滩上，一望无际，细沙在阳光照耀下闪闪发光；蓝天空旷宁静，好像进入了另一个世界。水洼，也叫水弯，那是支流河水和发洪水后留下来的河岸洼处，积存下的水池，有大有小，有长有短。天气干旱，阳光蒸发，不幸干涸，你会见到河底留下的死掉的小鱼小虾。发了洪水，下了大雨，这些水洼又现生机。如果上游发了大水，这些沙滩、水洼又全部销声匿迹。

很久以前，汾河岸是人类活动较少的处女地，很少有人来这里从事农业或捕捞、狩猎活动。沙滩中有许许多多的草甸、湿地，你一旦进入野生的草甸之地，又像是大草原上"天苍苍，野茫茫，风吹草低见牛羊"的地方，到处生长着蒲草、芦苇等野生植物，这些植物高约一米，一丛一丛地接连起来。到秋天蒲草籽绒到处飞舞，成熟的蒲草茎，便是农妇、村姑手工纺织蒲扇、蒲席、蒲墩等纺织物的好材料。芦苇是喂牲畜的上等饲料。再往河心走去，河道越来越深，这便是汾河的主道，河水深而莫测。波涛汹涌，略带土腥气味的河水，哗啦啦地向南奔流而去。

汾河岸边的人并不满足。农业学大寨时期，汾河滩里种上了稻子。到了改革开放的 20 世纪 80 年代，河滩里又种上了莲藕。挖不完运不完的莲藕，变成了哗啦啦的百元券人民币，汾河岸边的农夫动情地笑了。

用汾河水养殖淡水鱼是一场新的产业变革。河岸边的一些农民将承包的土地改造为池塘，引汾河水放鱼苗，喂饲料，施粪便，用杂草，这些人工饲养的鲢鱼、草鱼、鲫鱼和鲶鱼等，收到了可观的经济效益。

过去，在改造山河兴修水利的艰苦岁月里，汾河——这条母亲河，为汾河两岸的村庄百姓作出了不可估量的奉献。两岸河边陆续兴建了大大小小数不清的电灌站，那粗大的抽水管道一排排地斜立在岸边，拉上电闸河水哗啦啦地流向岸上的小麦、玉米田。放眼汾河两岸，金灿灿的稻穗，绿油油的麦浪，黄澄澄的玉米，紫红红的高粱，沃野千里，好一派丰收景象。人们为了防止水患，在汾河两岸建起了防洪大堤。河上架起了经久耐用的钢梁水泥大桥，替代了千百年来的木船、便桥。

然而，"天行有常……应之以治则吉；应之以乱则凶。"当我们在迫不及待地分享现代化无所不及的收获时，看似温和的汾河已在远离我们，还常躲起来和我们捉迷藏。自1980年以后，她把多年平均流量从每秒45立方米削减到现在的每秒十几立方米，甚至几乎年年断流，成为了"雨季过洪水，旱季没流水，平时是污水"的病态河流。

由于人们无节制地开发围垦河滩，汾河的生存空间越来越小；"五小"工业的发展，工业废水的排放，使汾河水受到污染。鱼虾死了，鸟少了，候鸟迁徙了，碧绿的莲湖、娇艳的荷花也消失了……到了2004年，汾河进入和流出临汾段均为劣Ⅴ类水质，污染指数已达严重污染水平。市区两个地下水质监测点的监测结果，其中一个氨氮超标0.99倍，原因是受地表水污染造成。

有人说临汾近些年来声名远播，是因为她一度变成了"世界污染之都"，是因为她频生着矿难。但是只要你真正地了解临汾，真正地热爱过这里的汾河，你就会知道，你就会坚信，那些都不过是悠悠汾河、碧波汾河里匆匆而过的几片阴影。

母亲河失去了往日的风采，清澈的河水变得污浊不堪。有些人为了自己的利益，在伤害着母亲河，使汾河水质受到严重污染，针对这一情况，民进临汾市委提出《关于下大决心治理我市环境污染的建议》，建议市委和市政府，要在科学发展观的指导下，正确处理经济增长和环境保护的关系，治理环境污染要真的痛下决心，而不能"雷声大雨点小"。要敢于付出暂时减缓增长速度、减少财政收入的代价。当鱼与熊掌不可兼得时，宁可不要经济增速和财政增速第一的"桂冠"，也要坚决摘掉环境倒数第一的"帽子"。

汾河污染问题也引起党政部门的高度重视，临汾市制定出《汾河水污染防治规范》的方案，向全社会发布了《关于规范河道采沙秩序，保障清水复流的通告》，两年投入 24 亿元保护母亲河。

"能宽则宽，能弯则弯，人水相亲，和谐自然"的 16 字理念，正在引领临汾市保护母亲河——汾河的紧急行动。从 2008 年 6 月开始，临汾市迅速铺开汾河流域生态环境治理修复与保护工作。近期目标将投资 24.34 亿元，实施八大工程，实现四大目标。

八大工程包括：汾河临汾段河道生态修复工程、流域生态综合治理工程、城镇生活污水处理工程、河流水质监测能力建设工程等。四大目标即通过对汾河干流河道综合治理，实现汾河干流常年全线复流；实现地下水位止降回升；实现汾河干流面貌明显改善；实现水质好转。

目前，临汾全面推进河道疏浚整治工程，全市已下达清障令228 个。截至 2012 年 6 月底，已拆除河道管理范围内违章建筑 117处，占拆除任务的 75%；清理河道垃圾 104 万立方米，占清理任务的 90%。沿汾河的霍州、洪洞、尧都、襄汾、曲沃、侯马 6 县（市、区）汾河干流河道采砂已全部停止。

今后，临汾将继续实行环境污染末位淘汰制度，彻底取缔汾河沿岸 3 公里范围内污染水体的污染企业和污染项目，取缔破坏汾河生态环境及水质的资源开发活动。市环境监测中心对向汾河排污的企业安装在线监测设施，24 小时全天候监测。

"30 年河东，30 年河西"，汾河在这里拐了个弯。临汾摘掉了"黑帽子"。我们相信，在不久的将来，临汾一定会变得更加生机盎然。

市域生态文化的时代构想与积极实践

福建省泉州市委党校　周松峰

城市是一定历史阶段发展的文明成果，这种文明的意义便是给人类群体性生活带来经济与便捷。然而，人类也在城市化过程中，使城市及其辐射的广大区域的生态环境遭受巨大破坏。现代城市及其市域建设过程应是生态伦理的践行过程，应利用现代科学技术使市域生态得以更好回归，建成一种城市中的田园、田园中的城市的田园式市域。

一、市域发展的生态破坏及其回归

城市及其市域建设与发展的目的是宜居。城市本是不存在的，之所以会逐步形成与发展，是人类宜居价值目的追求的结果。人类的力量在于群体的生存。正因为这种群体性的必要，使人类从群居、聚居走向城市的生活。

这种城市化的大规模生活使人类能够更好地协作、创造和共享人类的文明成果，并在共享人类文明成果的过程中加快创造文化的发展，进一步在协作与分享中展现城市良性的循环发展过程，展现人类群体性的力量。而这种力量的展现与结果共享的价值取向在于人类的宜居追求。

在城市的生活中，人类共享了道路、建筑、社会教育、公共管理与服务。这些共享与服务不同于农村之处就在于规模化的单位经

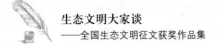
济。单位经济的结果是城市整体生产生活的成本节约，节约的结果就是城市及其市域的便捷与宜居。

城市化过程的市域生态破坏。城市的发展过程也就是城市化的过程，城市化的过程也就是自然资源消耗的过程。在城市建设过程中，人们摧毁了原有的森林、草地、田野，并在自然荒野中建设高楼、道路，在这一过程中消耗大量的原材料。而且，由于经济的关联性，城市与城市群把自然资源消耗之手伸向其他区域，使可再生资源与不可再生资源跟不上城市建设的步伐。

而问题的关键是，在城市化的过程中，这种生态环境的破坏往往是不自觉的渐进过程。在城市发展的很长一段历史时期，人们对不是很显现的生态破坏是无意识的，而对城市的便捷生产与生活却在与农村的比较中感受颇深。在近代工业背景下，城市的工业化与粗放式发展造成了巨大的生态破坏时，人们才顿感城市化过程、市域建设过程中生态破坏的可怕，以及维护与优化生态环境的迫切性、必要性与艰巨性。

市域生态的时代回归。走进21世纪，人类越来越意识到要使城市文明朝着人类价值方向继续发展，就必须使城市生态有时代的回归。这种城市生态的回归基础或者根据是人类的文化力量。

城市生态着重从3方面展开：一是在城市发展过程中，尽责于山水、气候、山势、生物的生态保持，以有利于人类生存，并一以贯之地以有利于城市宜居为生态维护的准则；二是着重于城市生态系统的恢复，城市生态中一些破坏，如森林、草地、河滩的破坏，是不可修复的，既然历史给人们造成了生态破坏，也给人类许多成就，也就要以成就为手段弥补这些生态破坏；三是人为生态再造，在现代高科技的情形之下，人类完全有可能创造生态系统的新奇迹。

二、市域生态文化的时代构思

市域生态的根本问题是人的问题，是人的价值观念、思维方式与实践路径。假若没有人的价值观念的时代变革，没有以人为本的时代觉悟，也就不会提出人居环境与生态命题，更不会提出市域生态的建设概念，也就没有实践中的发展方式转变，低碳经济的推崇。故此，城市及其市域的生态回归，首要的是生态文化的时代构思。

确立应有的市域生态价值观。市域生态伦理或者说价值观，就是基于市域发展对物质的过度浪费，基于人类城市化过程中的过度自我中心化，面对城市化过程自然资源的浪费与消耗，引导市域发展中的生态恢复建设，尽量减少不必要的资源浪费，把人类的文明成就返哺自然，创造田园式的城市新生活与新发展，自觉地形成对自然的敬畏心理。

转变生存方式，提高幸福指数。在市域的社会生活中，幸福指数的追求目标不同，既体现了价值观念的不同，更指引、转变着生存方式，而生存方式是文化的显现，其时代的转变直接影响着市域生态伦理的状况。

在工业文明高度发达的今天，应讲求生活质量与文化生存相提并论，不再推行无限制大规模的物质生产扩张，引导社会追求过度的巨大的物质消耗，及其相关联的森林、矿物等不可再生资源耗费进而造成生态的失衡。

实践消费转型，以环境友好型生产推动市域生态优良化。市域社会要正常存在，肯定要有正常循环的物资消费，主要分为生产性消费与生活性消费。消费结构的转型，就是在其结构上，增加社会性、精神性消费的比重，减少物耗的比重，减少自然的物取，促使市域社会生产向环境友好型方向转变。

　　而市域消费的转型与单纯城市消费转型的不同之处是，单纯城市消费把高耗生产转移到农村或其他地区，这实际上只是消耗的空间转移，并没有减少生产的物耗。而市域消费则是把中心城市及其附属农村进行整体的思量与把握，主要依靠科技的进步、生活消费理性化与城市服务业的提升来实现市域社会的低碳化与环境友好。

三、前瞻地创新地实践生态文化

　　生态文化作为正在崛起的新兴文化，是倡导人与自然和谐相处的观念体系，是人们根据生态关系的需要和可能，最优化地解决人与自然关系问题所反映出来的思想、观念、意识的总和。它包括人类为解决面临的种种生态问题、环境问题，为更好地适应环境、改造环境、保持生态平衡，与自然和谐相处，求得人类更好生存与发展所采取的种种手段以及保证这些手段顺利实施的战略、制度。

　　生态文化影响市域生活的方式与生态建设，市域文化更应在实践中，高远地、创造性地造就市域生态的良性发展。

　　市域生态文化在顺应发展大势中统筹地实践。市域包括对应的中心城市，还包括环中心城市的广大区间。就世界城市发展的大势来看，城市将是一个广义的概念，也就是中心城市将向周边延伸与辐射。就一定的市域来说，将很难分清城市与农村的明确界限。因此，前瞻地看待城市的生态系统，城市的生态应是符合系统论的生态，当建设与维护城市生态时，就应系统地看待城外广大地区的山势、水形等自然的系统问题，当在规划城市发展前景时，就应统筹市域各产业、各区间的生态问题。

　　市域生态应在凸显山水中实践。水是一切生命的源泉，更是人类生命之源，市域的水源供给与水质好坏，将是市域生态维护与建设的前提。市域的生态建设首先要考虑水系的宜居，而山是人类活动的依托与载体，没有山的城市与市域将是平淡无奇的。因此，市域的生态构建与和谐，要审度山形地势，因地理的形势来构建和谐的生态多样性。

　　市域的未来远景将是城市与农村的对接。在这对接的过程中，会像美国一些市域那样展现一种田园中的城市、城市中的田园的生态风貌。

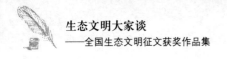

解决生态问题需要全球共同努力

厦门大学马克思主义学院　蔡虎堂

　　当今，人类面临的最大问题之一就是全球生态问题。这个问题高度概括了人类前途、命运与共的同一性，而不仅仅是一个国家或者一个民族的事情。笔者认为，马克思、恩格斯思想里蕴含的生态哲学思想包含几乎所有重大问题的解决路径。面对全球环境问题，当我们去叩问马克思、恩格斯时，会惊喜地发现他们又给了我们走出这个困境的途径。缓解或者解决当今全球生态问题，应从以下3个层面去把握。

一、共识：共同的家园

　　马克思、恩格斯生态哲学思想认为，人是自然存在物，人靠自然界生活。正是在这个意义上，人们把希腊神话所有神灵中德高望重的显赫之神盖娅比作地球，显示人们对自然的一种敬畏或者更多的是一种感恩之情。然而这种感恩之情，自工业革命之后，却变得越来越淡漠。

　　自从人猿相揖别，人类无时无刻不在用自己的眼光打量着自然界，思忖着人与自然、社会与自然、主体与客体的关系。人类社会发展到现在，这种关系已经历了蒙昧时代的神话自然观、古代有机整体的自然观、中世纪神学宗教自然观、近代天人对立的机械自然观。在利益驱动下，古希腊和罗马的哲学家都有一个贯穿始终的信念：

人类应该放置在一个支配自然界其他部分的位置之上。17世纪后缓慢发展起来的科学也加强着这一思路，笛卡尔、牛顿和培根等这些伟大的哲学家、科学家事实上都在进行或是支持这样的强调：在描绘人类与自然的关系时，掌握、征服和支配这样的词汇是相当普遍的。由此，作为现代西方社会基本理论支柱的古典经济学及其现代体系全都忽略了地球资源有限的问题，认为资源是取之不尽、消耗不完的。

目前，各国为了各自的利益需要，通过外交、旅游、贸易和战争相互联系、相互影响。每个国家都有自己神圣不可侵犯的领地，但是一个不争的事实是，不同的国家却生活在同一个生物圈中，生活在同一个地球村中。同时，在这个星球上除了人类，还生活着其他上百万的各类生物。地球不仅是人类的也是其他生物的生命摇篮。地球不仅容纳了千百万种生命有机体，而且她本身也是一个巨大的生命有机体，岩石、空气、海洋和所有的生命构成一个不可分离的系统。

环境问题是涉及整个地球生态系统的问题，要解决这个问题不仅需要用系统的、整体的观点和方法来认识人类生产和生活方式对生态环境的影响，还需要人类的共同行动。人类应该热爱和保护地球母亲，并与其他生物和睦相处。

二、对话：困境中的路径

当今，生态问题成为人类问题域中的一个显问题，任何一个民族的文化系统都无法单独地面对它、解决它。我们唯一可以做的是展开民族间对话交流，逐步形成人类在生态问题上的共同价值理念或者说一种"人类理性圈"，在诸多问题上达成共识，共同地遵循规则。

从20世纪50年代中期以来，世界经济的增长大大地改善了某些地区人们的生活质量。然而带来这些进步的许多产品和技术具有较高的原料和能源消耗率，造成大量污染。经济的发展是以环境破坏为代价的，经济越发展，环境危机越显得突出。

从局部地区经济发展来看，世界经济的整体发展并没有带动世界人民的生活改善，相反却是世界上的贫穷人口比人类历史上任何时候都要多，他们的数量仍在继续增加。贫穷和失业的增加加重了对环境资源的压力，更多的人直接地依赖这些资源。贫穷本身也污染环境，以不同方式制造出环境压力。贫穷饥饿的人们为了生存，往往破坏他们附近的环境，而环境的恶化又反过来使他们遭到更大的贫困，使他们的生存更加困难。即使某些地区取得了繁荣，但这些往往是不稳定的，因为它是通过在短期内获得利润的方式取得的。

虽然在解决生态问题上存在着重大分歧，但是为了人类共同的家园、共同的利益，各国应该积极开展对话，寻求解决的共识办法。唯有这样，才可以拯救人类自己，保持继续的繁荣发展。

三、和解：共同的拯救

生态问题归其根本还是发展方式问题，因此必须走可持续发展道路。一种安全和可持续的能源道路是至关重要的，一条环境上合理和经济上可行的能源道路是不可缺少的，这将是一条能使人类进步持续到遥远未来的道路。

当前，在地球面临的威胁人类生存的十大环境问题中，全球气候变暖位居榜首，其主要原因是人类违反自然的活动，产生温室气体。根据国际能源机构（IEA）的研究，如果人类不加以有效控制，温室气体在大气中的长期浓度将超过 $1\,000 \times 10^{-6}$ 二氧化碳当量，全球温度将比工业革命前升高 6℃。根据世界自然基金委员会最近发表的报告，如果全球海平面上升 50 厘米，136 座沿海大城市、价值

28.21万亿美元的财产将受到影响。但是，人类社会要发展，经济要增长，生活要改善，都需要能源。当前世界能源消费主要是石油、天然气和煤炭。能源消费的增长必然导致二氧化碳的增加。为了保护全球气候，抑制进一步变暖，需要减少二氧化碳的排放，这两者就构成了矛盾。

为了解决这个矛盾，国际社会逐渐找到一个解决办法，就是走低碳发展之路。低碳经济是以低能耗、低污染、低排放为基础的经济模式，实质是能源高效利用、清洁能源开发、追求绿色GDP，核心是能源技术和减排技术创新、产业结构和制度创新以及人类生存发展观念的根本性转变。如果这种低碳经济得到大力发展，一个更加清洁、美好的世界值得期待。

低碳经济实现方式可概括为两种：一是改变能源使用结构，二是提高能源使用效率。具体来讲，改变能源结构是指降低对化石能源的依赖，提高一次能源使用中太阳能、风能、核能、生物质能、水能等非化石能源的占比，达到减少碳排放的目的。其中，太阳能、风能和核能将是未来发展的重点。

气候变化问题主要是由发达国家造成的。专业机构数据显示，工业革命以来，发达国家温室气体排放占全部排放量的75%～80%。因为有历史责任，所以发达国家在解决气候变暖问题要负起更大的责任。因此，共同但有区别的责任成为国际社会商讨对策与合作行动的根基。然而，由于发达国家和发展中国家在减排目标、资金和技术支持等关键问题上依然存在严重分歧，通过召开国际会议协调解决问题的期望被不断调低。一个由人类自身活动造成的威胁人类生存的问题，陷入相互观望、指责和推卸责任的境地，人类自私和短视的弱点在环境问题上暴露无遗。

气候变化深刻影响着人类的生存和发展，是各国共同面临的重

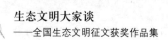

大挑战。为此，世界各国应在履行各自责任的基础上，本着实现互利共赢的目标，达到共同发展。我们并不否认各民族的个性，可也不能不承认个性中又存在着共性，即人类共同的繁荣昌盛。人类不仅要认识它，而且还要负责任地去积极参与它，只有这样才能走出人类尴尬的发展困境。

马克思、恩格斯思想指出，要实现人类与自然和谐，必须以人类本身的和谐为前提，也是马克思主义生态哲学的精髓所在。面对困境，人类应该有同一个绿色梦想，并为之付出行动。

从唱独角戏到跳集体舞

浙江省磐安县生态建设办公室　陈国平

浙江省磐安县地处长三角经济圈南翼，作为欠发达地区，经济社会发展中普遍存在经济增长与环境保护的矛盾。本文以磐安为例，针对欠发达地区生态文明建设提出对策和建议。

一、树立"四大理念"，提高思想认识

在领导思想层面，应牢固树立四大理念。

（一）可持续发展理念

实施可持续发展战略是实现经济增长方式转变的根本途径，也是欠发达地区加快发展的内在要求，是缩小和发达地区差距的必由之路。这就要求改革现行的经济核算体系，推行绿色 GDP 制度。在领导层面，要克服唯 GDP 至上的观念，树立保护环境也是政绩的观念。

（二）科学规划理念

科学规划是科学发展的前提。发展规划是否做得科学合理，关系到经济、社会、人口、资源、环境能否协调。建设社会主义生态文明，需要科学合理的规划。要把生态文明理念融入国民经济和社会发展总体规划及产业发展、环境保护、新型城镇化建设等各类规划方案中，形成生态文明建设规划体系。欠发达地区更需立足本地，树立科学规划理念，指导本地长远发展。

（三）坚持不懈理念

坚持不懈有两层含义：一是对生态环境要坚持长期保护；二是对规划本身的政策保护，坚持萧规曹随。建设生态文明是一项事关长远的工作，必须坚持一张蓝图管到底，一任接着一任干，做到不争论、不徘徊、不犹豫。特别是对欠发达地区来说，把有限的财力用于见效慢的生态环境保护领域，面临上级考核、群众不理解等各种压力，尤其需要更强、更大的决心和恒心。

（四）经营生态理念

经济发展与环保可以相互促进，协调发展。只有把生态建设作为经济建设的催化剂和助推器，把环境资源作为一种生态资本来经营，才能不断强化自身的比较优势和后发优势，以最小的资源环境代价实现经济社会最大限度的发展。

二、强化"三个联动"，推进共同参与

在工作方法层面，需要强化"三个联动"。生态文明建设是一项庞大的系统工程，尤其是欠发达地区，需要社会各方力量共同参与和共同努力。

强化上下联动，协调不同层级政府部门间的关系。一方面，想方设法克服困难，自力更生，大力发展经济，增加财政收入，确保有一定的财力投入生态文明建设。另一方面，积极争取上级的关心和支持。

强化左右联动，统一部门乡镇间的行动。生态文明建设不是个别部门、个别乡镇的事，而是各部门、各乡镇共同的责任和义务。应进一步落实和强化各部门、各乡镇的工作职责，调动各部门、各乡镇的工作积极性，促进他们相互配合、相互协作。

强化全民联动，建立生态建设的社会群众基础。前些年磐安县

抓生态建设时存在上面热、下面冷的现象。政府领导重视，而基层群众不太关心。近年来磐安县在工作方式上实现了从政府"唱独角戏"向全民"跳集体舞"的转变。一方面，县委、县政府把生态建设作为重点工作来抓，力度不断加大。另一方面，在宣传生态文明、动员全社会参与生态建设方面，措施更加扎实有力。如利用"文溪讲坛"邀请专家举办生态文明主题报告会。在新闻媒体中开辟专栏，宣传生态文明建设先进典型等。实践证明，只有全民参与，才能汇聚成强大合力，促进生态文明建设持续、深入推进。

三、实现"两个创新"，推进生态文明建设

在抓工作落实层面，需要实现"两个创新"。

（一）创新体制机制

体制机制是生态文明建设的关键和保障。具体来说要做到：一是加快推进领导干部政绩考核机制创新，把各级领导从偏重 GDP 引导到更加重视生态文明建设上来。尤其要着眼于欠发达地区以生态保护为主要功能的分工，完善分类绩效评估体系，淡化经济增长的硬性指标，提高生态建设与环境保护在业绩考核中的比重。二是加快建立和完善生态补偿机制，调整优化财政支出结构，资金、项目安排使用重点向欠发达地区、重要生态功能区、饮用水水源保护地倾斜，通过"谁保护、谁受益"的杠杆导向提升生态环境保护的积极性。三是建立健全区域发展和保护的协调机制，突破行政区划界限，共同保护好生态环境，推进区域合作共赢。四是构建多中心生态治理机制。在建设生态文明过程中，不仅政府要发挥主导作用，也需要广大社会群体积极参与，共同构建社会主义生态文明。

（二）创新工作举措

生态文明建设需要大胆探索和勇于尝试各种新举措和新路径。

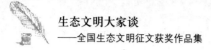

如在生态经济发展上，要借鉴一些地区善于抓住大产业、大平台、大项目、大品牌，做大做强生态旅游、生态工业、生态农业，推进产业集聚、集群、集约发展的实践经验。同时，坚持产业转型升级，推进产业科技化，依靠科技创新大力发展新能源、新材料、信息技术等一批高新技术产业，培育经济新的增长点。

发展生态旅游　推进生态文明

北京林业大学园林学院　孙吉亚　张玉钧

　　生态旅游的概念自提出以来，首先在西方国家引起了理论研究和实践活动的热潮。生态旅游于 20 世纪 90 年代传入中国，其理论在不断创新发展并逐步实现本土化，生态旅游活动也逐渐成为越来越多旅游者的第一选择。随着我国生态文明建设步伐的不断推进，生态旅游作为环境友好、可持续发展的旅游活动，将不断促进生态文明各方面的建设。

一、生态旅游与生态文明的关系

　　生态旅游与生态文明存在以下关系：

　　生态旅游与生态文明内涵的一致性。生态旅游是指前往相对偏远的自然区域进行游览，目的是欣赏和享受自然风景（包括野生动植物）以及当地文化，并促进自然与文化资源保护。生态旅游具有较小的环境影响，并对当地居民的社会经济发展有积极作用。

　　生态文明是指人类在生态危机的时代背景下，在反思现代工业文明模式造成的人与自然对立的矛盾基础上，以生态学规律为基础，以生态价值观为指导，从物质、制度和精神观念 3 个层面进行改善，以达成人与自然的和谐发展，实现生产发展、生活富裕、生态良好的一种新型的人类生活方式，是在新的条件下实现人类社会与自然和谐发展的新的文明形态。

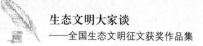

从生态旅游与生态文明的概念中可以看出，二者的内涵具有一致性。其最终目的都是要实现人与自然协调、可持续发展，保持生态环境的健康稳定、社会经济的良好发展以及文化的繁荣与传承。

生态旅游与生态文明理念的一致性。生态旅游与生态文明都秉承可持续发展的理念，崇尚尊重自然，顺应自然法则，保护生态环境。这种人与自然协调可持续发展的理念与我国传统文化中的"天人合一"思想阐释了同样的生态哲学观，充分体现了中国人的智慧，以及生态旅游这一外来事物在中国发展的深厚根基。

生态旅游与生态文明方法原理的一致性。生态旅游的发展和生态文明的建设都应遵循生态学原理、生态经济学原理和可持续发展理论等现代科学的方法论原理。保障健康有序的生态机制，将自然—社会—经济看做复合的生态系统，实现经济高效发展与资源有效循环利用。

生态旅游与生态文明社会效益的一致性。生态旅游与生态文明是相互促进、共同发展的。生态旅游是一项注重环境保护、促进旅游地社会经济发展、改善当地居民生活水平和重视旅游者环境教育的社会、经济、文化活动，是一种环境友好型的可持续旅游。生态旅游发挥了保护旅游地生态环境、发展当地社会经济和传承当地文化的重要作用，是实现生态文明建设的重要途径。生态文明建设既为生态旅游的发展指明方向，同时也是生态旅游发展的基础。生态文明建设的各项内容保障了生态旅游发展的环境条件、基础设施、管理制度和生态旅游的发展空间。

二、发展生态旅游对生态文明建设的意义

生态文明是一种独立的形态，它是相对于农业文明、工业文明的一种社会文明形态，是人类文明演进的一个新阶段，是比工业文

明更进步、更高级的人类文明新形态。生态文明建设可分为生态环境建设、生态产业建设和生态文化建设。生态文明指引生态旅游发展的方向，生态旅游是实现生态文明建设的载体之一。生态旅游对保护生态环境、促进生态产业发展和构建生态文化体系都有明显的积极的意义。

生态旅游与生态环境建设。生态环境建设首先要维护生态系统的健康稳定和生态环境的安全舒适，保障生态系统的生态服务功能并提升生态景观层次。生态环境建设为生态旅游发展提供了环境基础，生态旅游能够维系生态系统的稳定，使人的审美需求和自然环境的协调稳定都得到最大满足。同时，生态旅游创造的经济效益反馈到环境保护和生态环境建设中，使生态环境建设在经费管理机制上有所保障。

生态旅游与生态产业发展。传统产业与生态文明理念的融合产生了生态产业。生态产业是按生态经济知识原理和经济规律组织起来的基于生态系统承载能力、具有高效的经济过程及和谐的生态功能的网络型、进化型产业。生态产业不是某一种产业，而是一种新的产业形态。生态旅游对生态产业发展的重要作用体现在生态农业观光、以森林生态旅游为代表的现代林业以及生态旅游业对第三产业的带动发展。

生态旅游与生态文化体系构建。生态旅游对构建生态文化体系的意义体现在生态文化形象的树立、提升当地居民的生态文明意识与文化自豪感，以及为文化传承与发展所起到的重要作用。

生态旅游者通常因为一个地方独特的景观资源而被吸引前来，或者游览过一个地方以后对当地的某种景观资源留下了美好而深刻的印象，这样的景观资源就是生态旅游地的形象，旅游地的形象是当地人文精神的象征。生态旅游活动有助于旅游地文化形象的树立与传播。

　　当地居民看到众多生态旅游者被当地的生态旅游资源吸引前来，往往会使他们意识到自己所处的生活环境是多么美好，并因此而提升生态文明意识与文化自豪感。

　　此外，当地居民文化自豪感的提升自然激发了保护与继承本土文化的积极性，外来生态旅游者的到访更促进了当地文化的传播，并促使当地居民不断发展创新本土文化，维持生态文化的先进性。

三、发展生态旅游的几个关键问题

　　笔者认为，要发展生态旅游，必须做好以下几项工作：

　　一是正确理解生态旅游的内涵。正确理解生态旅游的内涵是发展生态旅游最基本、最重要的任务。第一，生态旅游活动的对象是自然风景（包括野生动植物）和当地文化；第二，生态旅游对生态环境产生较小或几乎不产生负面影响，并为环境保护作贡献；第三，生态旅游为目的地带来有益的影响，包括促进当地经济增长、促进当地居民就业、提高居民生活水平，促进当地文化的传承发展；第四，生态旅游具有重要的环境教育意义，使生态旅游者在生态旅游活动中认识自然、了解自然，学会尊重自然和保护自然。

　　二是合理规划，有效监管。生态旅游发展最关键的一环是做好生态旅游规划。规划首先应充分分析生态旅游地的基础条件，对发展生态旅游的可行性进行调查研究。在确定适宜开展生态旅游活动的基础之上，制定科学合理的生态旅游规划。

　　应根据实际情况和生态旅游活动的环境干扰程度，合理划分不同的功能区。生态旅游基础设施建设，既要满足生态旅游者的基本需求和安全保障，又要与自然景观协调，避免环境破坏。生态旅游景观的规划应崇尚自然为主，顺应自然规律和特色，减少人工干预。

制定能够有效解决实际问题的生态旅游监管制度。生态旅游规划应确保当地社区居民从生态旅游中获益并制定利益分配制度。

在生态旅游合理规划的基础之上，相关的监管部门要严格做好生态旅游规划的审批工作，防止出现盲目跟风、谋取短期经济利益、破坏生态环境和自然资源的伪生态旅游。

三是处理好利益相关者的关系。保障生态旅游的良好发展要处理好利益相关者的关系。生态旅游的利益相关者包括管理者（管理权与经营权统一）、生态旅游者和当地社区居民，现在很多生态旅游地将管理权与经营权分离，利益相关者还包括第四方——生态旅游经营者。

近年来，我国的很多地方发生过旅游者与当地居民发生冲突，导致旅游活动无法开展。尤其是在新兴的生态旅游地区，当地以往的社会经济发展水平较低，当地居民与管理经营者容易在利益分配的问题上形成分歧，发生冲突。

因此，政府管理部门应做好相关的调解措施和制度保障，并培养管理经营者和当地居民的生态旅游管理意识。生态旅游的利益相关者应遵循保护环境、生态旅游资源的可持续利用和利益合理分配这 3 项原则，才能真正使生态旅游实现促进自然—社会—经济可持续发展的目标。

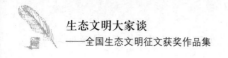
在加快发展中推进生态文明建设

环境保护部环境规划院　王依　李新

促进人与自然的和谐，是国民经济和社会发展全局赋予环境保护工作的时代重任，是推进环境保护历史性转变的重要目标。坚持以人为本，全面协调可持续发展，积极推进生态文明建设，是新时期环境保护工作的基础和灵魂。

一、如何认识生态文明

人与自然的关系反映着人类文明与自然演化的相互作用及其结果。在原始社会，由于社会生产力水平十分低下，人与自然的关系更多地表现为人对自然的敬畏和被动服从，形成了简朴的原始文明。随着农业的诞生和生产力的发展，铁器的出现使人类改变自然的能力产生了质的飞跃，人类从被动适应转变到主动适应，于是出现了农业文明。这一时期，人类开始不安于自然的庇护和统治，在利用自然的同时试图改造和改变自然。工业文明的出现，使社会生产力有了质的飞跃，人类利用自然的能力极大地提高，人类对自然的理念发生了根本改变，由利用变为征服，最终造成资源迅速枯竭和环境日趋恶化。

发展经济离不开对资源的利用，但是这种利用应该是可持续而非掠夺式的利用。历史的经验已无数次地告诉我们，竭泽而渔的发展方式不可取，杀鸡取卵的发展路子走不通。人类不仅要严格地保护自然,尽快地恢复自然,还要在尊重自然规律的前提下,充分发挥人的主观能动性,运用自然规律科学地修复自然。

生态文明是人类文明的一种新形态。它以尊重和维护自然为前提,以人与人、人与自然、人与社会和谐共生为宗旨,以建立可持续的生产方式和消费方式为内涵,引导人们走上持续和谐的发展道路。生态文明强调人的自觉与自律,强调人与自然环境的相互依存、相互促进。党中央明确提出,要建设生态文明,基本形成节约能源资源和保护生态环境的产业结构、增长方式、消费模式,使生态文明观念在全社会牢固树立。

二、提出生态文明建设的意义何在

在工业化的进程中明确提出建设生态文明,是由我国的基本国情决定的。近年来,我国环境保护工作取得了积极进展,但是环境形势依然严峻,长期积累的环境问题尚未解决,新的环境问题不断产生,一些地区环境污染和生态破坏到了相当严重的程度。发达国家上百年工业化过程中分阶段出现的环境问题,在我国已经集中出现,不仅造成了巨大的经济损失,还给人民生活和健康带来严重威胁,危及全面建设小康社会的进程。未来十几年,工业化、城市化还将加剧,如果一般性地在政策上做些小的调整,或在原有的政策框架内加大力度,很难彻底解决日益严重的环境问题。必须通过发展方式、消费方式的根本性调整,大力提高资源利用效率,大幅度降低污染排放强度,力争以最小的资源和环境代价,支撑我国国民经济又好又快发展。

在工业化的进程中明确提出建设生态文明,是提高我国经济国际竞争力的重要措施。无论出于全球环境保护的需要,还是一些发达国家出于贸易保护的需要,生态化设计、循环利用资源、保护环境等已成为产品竞争力的重要标志。可以预见，谁在有利于环境保护的产品设计、技术创新方面占据优势，谁就在新的国际竞争中占据制高点。我国明确提出建设生态文明，必将深刻影响人们的思想观念，推进工农业生产、生活消费等向着有利于环境保护的方向发展。通过将保护环境的任务渗透到生产、流通、分配、消费的全过程，将保护环境的要求体现在价格、财税、金融、贸易政策中，使我国真正走上新型工业化道路，加快从工业大国向工业强国转变的历史进程。

在工业化的进程中明确提出建设生态文明，将为全球环境保护作出积极贡献。发达国家在工业化的进程中，走过一条先污染、后治理的道路。20世纪的100年中，美国累计消费了大约350亿吨石油、73亿吨钢、2亿吨铝、100亿吨水泥，付出了沉重的环境代价。不足世界人口15%的发达国家，目前仍然消费了全球50%以上的矿产资源和60%以上的能源，排放了大量的污染物，对全球环境安全造成了巨大的威胁。我们建设生态文明，就是把建设资源节约型、环境友好型社会放在工业化、现代化发展战略的突出位置，从根本上摒弃发达国家大量消费、大量废弃的传统模式，为全球环境保护作出积极贡献。

三、建设生态文明要把握好哪些方面

建设生态文明，关键是发展。科学发展观，第一要义是发展。只有发展，才能不断满足人民群众日益增长的物质文化生活需要。建设生态文明，要正确处理加快发展和可持续发展的关系，坚持在加快发展中加强生态文明建设，在加强生态文明建设中加快发展。根据人类对自然界的逐步认识来调节制定的目标，通过适应性的变化和调整达到最佳状态，实现又好又快发展。发展是硬道理，这个发展包括经济的发展、人的发展和环境的发展。不仅要经济和环境，人的发展也很重要。经济富强是可持续发展的基本前提，环境保护是可持续发展的必要条件，社会进步是可持续发展的根本目标。

建设生态文明，核心是人与自然和谐相处。人与自然和谐相处既是生态文明的核心价值理念和根本目标，也是建设生态文明的评价标准。建设生态文明，要统筹好人与自然的关系，强调人与自然相互依存、相互促进、共处共融，消除经济活动对自然自身稳定与和谐构成的威胁，逐步形成与生态相协调的生产、生活与消费方式。

建设生态文明，目标是不断提高人的生活质量。生态文明不仅是一种既要生态，又要生存的文明形态，更是一种让人民群众在良好的生态环境下生活得更舒适、更幸福的文明形态。它所追求的目标不是 GDP 的增长速度，而是人民群众福祉的最大化。随着生活水平的提高，人们对生活质量提出更高的要求，对洁净的空气、清洁的淡水和绿色食品等生态条件和良好生态环境的需求越来越迫切。生态文明建设，要从解决人民群众最关心、最直接、最现实的利益问题入手，创造一个适合于人的本性的良好生态环境。要把生态文明建设落实到改善人民生活上，坚持做到发展为了人民，发展依靠人民，发展成果由人民共享，让人民群众充分享受经济发展的成果。

建设生态文明，重要举措是加快推进历史性转变。生态文明是对过去发展方式深刻反思的成果，历史性转变是建设生态文明的必然选择。建设生态文明，实质上就是要建设以资源环境承载力为基础、以自然规律为准则、以可持续发展为目标的资源节约型、环境友好型社会，其不等同于传统意义上的污染控制和生态恢复，而是修正工业文明的弊端，要转变过去那种以牺牲环境换取经济增长的发展方式，转到通过加强环境保护优化和促进经济发展的新模式上来。

建设生态文明，基本途径是加强生态文化建设。繁荣、丰富的

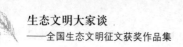

生态文化是生态文明建设的原动力。资源和环境危机的实质很大程度上是文化观念和价值取向出现偏差造成的，只有大力弘扬人与自然和谐相处的核心价值观，在全社会牢固树立与保护生态相适应的政绩观、消费观，形成尊重自然、热爱自然、认知自然、善待自然的良好氛围，让生态观念深入人心，才能从根本上推进生态文明建设。

　　大国行思，敛以致远。站在民族复兴关口的中国，更需要这样的变革，更亟须建立生态文明。积极推进生态文明建设，我们责无旁贷。

生态理性是时代的必然选择

山东建筑大学法政学院　刘海霞

理性是人类所特有的认识与把握客观世界一般本质与必然联系，并根据这种认识来指导实践、规范自身的能力。人类理性的主导形态与社会实践密切相关，并具有现实的历史性。支撑现代工业文明和市场经济的理性形态主要是经济理性和科技理性，但二者均由于对自然环境的破坏而尽显其不足。党的十八大报告明确指出："必须树立尊重自然、顺应自然、保护自然的生态文明理念。"当下，生态理性已成为时代的必然选择。

一、生态理性是对经济理性自私性的克服

经济理性由近代经济学鼻祖亚当·斯密于1776年在《国富论》中最早提出，它的基本逻辑是追求利润最大化，基本立场是人类中心主义，视利己主义为理所当然。经济理性的大行其道，为市场经济的勃兴和工业文明的繁荣立下了汗马功劳，使得19世纪人类创造的财富比以往创造财富的总和还多。但是建立在经济理性之上的发展模式，不惜以牺牲自然环境为代价来换取经济繁荣，因而导致自然界生态平衡的严重破坏，并且容易使人在追求物质欲望的过程中迷失自身的本性，加剧人与自然之间的矛盾。

生态理性的整体性思维方式可以有效克服经济理性自私性的弊端。生态理性反对人类中心主义立场，强调自然生态系统的整体性。

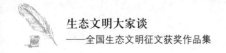

它把生态系统视为母系统，把经济系统视为从属于母系统下的子系统，视大自然为万物之母，也是人类之母。它既强调人和人的整体性，又强调人和生态系统的整体性，强调人与人、人与自然的和谐。以生态理性的整体性思维为根基，可以超越经济理性的自私和偏狭，重建人与自然和谐相处的生活和行为模式。

二、生态理性是对科技理性狂妄性的制约

科技理性是伴随着文艺复兴的脚步而逐渐兴起的。近代以来随着机械论自然观的确立，人类将自己视为自然界的管理者，高扬科技理性的大旗，不断探索自然秘密、开发自然资源、改造自然面貌，在解放人类劳动、改善人类生活、推进工业现代化等方面发挥了很大作用。但是，科技理性的过分张扬，同样导致了对自然敬畏感的消失，使得人们在自然面前缺乏必要的节制，为所欲为，造成了自然资源的耗竭和人类生存的困境。科技理性在自然面前的过度狂妄，已将自己的局限性暴露无遗。

三、生态理性提倡的限度性生存观可以为科技

理性的狂妄敷上一贴清凉剂。人类生存与自然生态之间的关系是生态文明建设的元问题之一。从历史唯物主义的视野来看，人类的生存与原初的生态之间存在着复杂的相关性，任何文明存在的前提是保持一个恰当的"生态度"。即承认自然所提供的空间和资源是有限度的，人类的生存必须在一定的限度内进行。人类应有意识地控制自己的行为，合理改造、利用自然，节俭使用物品，减少对自然资源的浪费，以保持生态系统的完整和稳定。

只有倡导生态理性的限度性生存观，才能约束科技理性在自然面前无限度操纵和控制的狂妄，合理恢复自然的神秘性，尊重自然

规律，促进自然的自我修复，使人类逐步摆脱目前的生态困境。

四、生态理性是对道德理性的种际扩展

道德理性是一个古老而又常新的话题，中西方伦理思想史上的相关争论不绝于耳。它是伦理学的核心概念之一，是社会道德规范体系得以形成的重要因素。一般而言，道德理性是指道德主体分析道德情境，进行道德推理，确立自己行为准则的理性能力，其成果最终积淀为道德规范和道德原则。传统的道德理性追求个体自身心灵的秩序和个体之间社会的秩序，注重维持人类生活的合理秩序。在当前严重的生态危机面前，道德理性的思考范围也不得不进一步延展。

生态理性是道德理性的进一步扩展，是人类从生态伦理学意义上选择行为模式的理性。它突破了人类中心主义立场，扩展了传统伦理学的范围，以维持整个生态系统的合理秩序为目的，将道德理性中的人际关怀扩展到种际领域。在人类利益与生物利益相冲突时，以生态系统的完整、稳定的有序为标准，注重维护自然的自组织功能，注意保护生物的多样性，对人类之外的其他物种加以关怀。用自觉的生态意识来保护整个生态系统，以维护全人类共同的利益。

道德理性的生态扩展，彰显了生态理性的基本立场：自然中的一切生命物与人类之间是平等的生命体，一切生命物和非生命物都有自己不可侵害的生存权，人与万物共存共立于宇宙天地。这一扩展有利于人类将关怀的目光眷注于更广泛的生态系统，实现对自然生态的爱护和维持，建立和谐的人与自然关系。

五、生态理性是公平正义的代际延伸

公平正义既是伦理学的传统论域，又是哲学、政治学、法学等

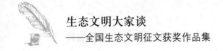
学科的核心论题，是社会群体普遍关注的焦点问题之一，是协调人类利益关系的基本前提。对公平正义的追求是人类社会永恒的主题之一，是人类社会制度渐趋完善的不竭动力。在对公平正义的追求中，人类社会在实现代内公平方面做了巨大努力，取得了若干具有实质性突破的思想性成果和制度性建树，体现了人类社会的巨大进步。

然而在生态危机的大背景下，在自然资源几近枯竭的情形下，有识之士开始思考后代子孙的生存环境和生存可能性问题，代际公平的问题逐渐被提上议程。1987年，世界环境与发展委员会在《我们共同的未来》报告中首次阐述了可持续发展的概念，得到了国际社会的广泛共识。可持续发展就是"既能满足当代人的需要，又不对后代人满足其需要的能力构成危害的发展"。这一理念已成为生态理性的原则之一，它要求人们不仅要考虑自己的生存和发展，而且要充分考虑子孙后代可能的需求，尽可能地保护好人类赖以生存的大气、淡水、海洋、土地和森林等自然资源，使子孙后代能够永续发展和安居乐业。

生态理性作为一种尚在形成中的新哲学理念，其基本原则是人与自然的和谐相处，从人类统摄自然向人与自然系统和谐共生转化，从追求单一的经济利益向追求经济、生态、精神等多重目标转变，从关心人与人之间的关系到关心物种之间的和谐，从关注代内发展权利和机会的公平向注重代际公平的维度延伸。生态理性的建立和发扬是我们所处时代的必然要求，是生态文化建设的始源之基，是生态文明建设的精神助力。

发挥政治协商作用　推进生态文明建设

湖北省长阳土家族自治县政协　刘红

生态文明以尊重和维护生态环境为主旨，以可持续发展为根据，以未来人类的继续发展为着眼点。在建设生态文明的历史进程中，人民政协具有独特的优势，肩负着义不容辞的责任。充分发挥人民政协在建设生态文明中的独特优势，不断增强建设生态文明的责任感，共同致力于建设生态文明，是时代赋予人民政协的神圣使命。

一、发挥大团结功能，为建设生态文明提供广泛的力量支持

一是要与党委、政府同心合力，自觉服务于建设生态文明大局。服从服务于生态文明建设是人民政协围绕中心、服务大局的实际体现。人民政协要切实统一思想，坚决维护党委的决策，全力支持政府的工作，理直气壮地建设生态文明。在工作上，要自觉把人民政协各项工作纳入建设生态文明之中，切实做到与党委政府在思想上同心、目标上同向、行动上同步。同时要发挥人民政协的影响力，把参加人民政协的各党派、各团体的力量凝聚起来，同心协力建设生态文明。

二是要动员和组织广大政协委员自觉投身于生态文明建设。要紧密联系实际，从深化学习教育入手，把广大委员建设生态文明的积极性调动起来。要引导委员从理论和实践的结合上增强建设生态文明的认同感和紧迫感，认清优势，坚定信心，明确要求，强化责任，

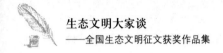

要身体力行、率先垂范、多建言献策出力作贡献。

三是要联系和团结各族各界人士为建设生态文明而共同奋斗。要通过政协组织联系委员、委员联系群众这两个渠道，大力宣传，统一思想，凝聚才智；要广交朋友，要通过各种形式加强同各方面人士、各社会阶层的联系，倾听和反映各方面的意见和要求，促进各族各界人士的大团结、大联合；突出民主主题，创造和保持良好的政治氛围，为各党派、团体、各族各界人士在建设生态文明中发表政见、表达意愿提供畅达的渠道，形成广泛民主基础的支持。

二、发挥职能作用，为建设生态文明提供良好的参谋服务

一是决策过程的协商作用。建设生态文明是事关我国政治、经济、文化、社会发展的重大问题，理当是政治协商的重要内容。人民政协要注重对建设生态文明的协商，坚持协商在前的原则，主动与党政部门沟通协调，密切与人大的联系，推进建设生态文明协商的规范化、制度化、程序化。充分运用政协领导直接参与党政决策协商、政协全会和常委会议等例会协商等多种途径和形式，就建设生态文明重要问题进行协商，为党政决策提供有价值的参考，积极推进生态文明建设决策的民主化、科学化。

二是民主性质的监督作用。人民政协在建设生态文明中要强化民主监督意识，积极探索适合建设生态文明实际的民主监督的途径和方法，利用视察、提案、建议案、座谈、例会、评议等多种形式，履行民主监督的职能。要敢说实话，敢谏诤言，敢提批评性意见。这种民主监督本身就是对建设生态文明最好的参与和支持。要加强与有关部门的配合，使人民政协的民主监督与行政监督、法律监督、舆论监督相互促进，使人民政协的民主监督在建设生态文明中发挥应有的作用。

三是参政议政的专题调研建言立论作用。要切实把调查研究作为人民政协建设生态文明的重头戏来抓。紧紧围绕建设生态文明的大局，选择重大问题进行超前调研，抓住迫切需要解决的问题进行可行性调研，针对深层次问题进行连续、跟踪调研，参政参到点子上，议政议到关键处。要形成各方联合、上下联动、协同攻关的局面，不断把建设生态文明调研引向深入。在调研工作中，既要注重立足当前，着眼现实问题献计献策，力求被党委、政府所采纳，又要放眼未来，深谋远虑，建言立论。

四是提案工作的推动作用。政协提案是履行人民政协职能的一个重要方式。人民政协的参加单位、委员都要把提案作为建设生态文明的重要工作，下大力气抓紧抓好。要多提以建设生态文明为大局、大事的提案，多提党派提案、界别提案，多提破解建设生态文明难点、热点问题的精品提案。要坚持把提案工作和调研、视察、研讨工作紧密结合起来，力求提案所提意见、建议和举措具有较强的科学性和可操作性。要加强建设生态文明提案的督办、办理工作，加大力度，注重实效，狠抓落实，努力实现提案成果的顺利转化，推动生态文明建设的深入发展。

五是反映社情民意的桥梁作用。人民政协在体察民情、反映民声、集中民智上具有独特的优势和畅通的渠道，要主动担当起了解和反映社情民意的责任，架起群众与党委、政府间的连心桥。坚持从群众中来，到群众中去，倾听群众意见，集中群众智慧，尤其要把建设生态文明中带有普遍性、预警性的问题，群众反映强烈、大多数人不赞成的问题，以及少数人的真知灼见及时掌握起来，反映上去，为党政决策提供民情、民意、民智依据。

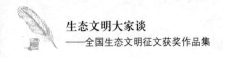

三、发挥委员专长，为生态文明建设奉献才智、贡献力量

政协委员大都是社会各界、各行业的代表人士，文化层次高，学有所长，在生态文明建设中既要积极参政议政、建言献策，更要注重发挥专长、出力建功。要自觉围绕生态文明建设，结合本职，找准位置和切入点，把自己的聪明才智和知识技能转化为实实在在的贡献。

共建生态文明　共享美好生活

陕西省商洛市商洛调查队　倪卫校

　　生态文明是人与自然、人与人、人与社会和谐共生、良性循环、全面发展、持续繁荣为基本宗旨的文化伦理形态。中国传统文化的天人调谐思想是生态文明的重要文化渊源。随着经济的高速发展、社会的快速进步，人民群众的思想观念和生活方式逐渐发生变化，人们越来越意识到生态文明的重要作用，应在日常生活中坚持低碳、节约；国家也在建设资源节约型、环境友好型社会，转变粗放的生产方式。这些，都为生态文明建设带来了机遇。

　　与此同时，我国还处在社会主义建设初级阶段，发展仍然是主题主线；加之我国地域辽阔、历史厚重，发展的不平衡、不协调和不可持续在某些地方依然存在，这些又为生态文明建设带来了困难和挑战。

　　机遇和挑战并存，但生态文明建设的方向不能动摇。这就要求我们以更加坚定的决心、更加有力的措施加快推动生态文明建设步伐，为全面建设小康社会奠定坚实基础。

　　首先，必须坚持政府主导、企业主体、社会参与的共建机制。生态文明建设应该成为政府执政的主要内容之一，纳入政府日常行政管理议程。应加大对生态文明建设的规划、宣传、指导和管理，加强监督考核。企业是生态文明建设的主体，淘汰落后产能、淘汰高污染、高能耗项目应该成为企业的主动作为，担负起生态文明建设的主体作用；社会公众要参与到生态文明建设中来，从我做起，从小事做起，从思想观念到生活方式都要以生态文明的标准来要求自己。同时，要发挥群众监督作用，使其成为一项共建机制，不断强化和完善，为建设生态文明社会保驾护航。

其次，必须加强科技创新，提高生态文明建设的科技含量。科技创新是社会发展的主要动力源泉，生态文明建设也必须与时俱进，加强科技创新。既要建设适合科技创新的环境氛围，又要加大科技创新的政策支持，更要加强科技人才的培养。科技创新要与生态文明建设同步乃至适度超前，为生态文明建设提供重要的科技支撑。用科技做引擎，引领生态文明飞速发展，同时要加快开放引进，借鉴国际先进技术和经验为生态文明建设提供坚强的技术保障。

最后，必须加快立法进程和执法力度，巩固生态文明建设成果。生态文明建设既需要体制保障，也需要科技支撑，还需要全民参与，更需要法律保障。虽然我国经过几十年的发展，生态文明方面的立法已经比较健全，形成了比较完善的法律法制体系，但是与国外发达国家相比，与生态文明建设需求相比，仍有差距。需要继续加大立法进程，形成完善、健全的具有中国特色的生态文明法律体系。同时，需要对现有法律法规进行监督检查，巩固生态文明建设成果。

生态文明建设是与经济建设、政治建设、社会建设、文化建设同等重要的社会主义现代化建设的重要组成部分；需要放在国家战略的层面上进行部署。与此同时，生态文明建设也需要以最严格的环境保护制度作为措施，来保障其健康、顺利推进，还需要政府主导、企业主体和社会参与的全面参与共建机制来护航，更需要思想观念和生活方式的彻底转变和加强法律支撑，来确保生态文明建设快速推进，共建和谐、富强的生态文明新社会，共享富裕、文明的美好幸福生活。

天鹅之湖

中国工商银行北京海淀支行　杜敏

天鹅曾经飞来过。

流年似水。几年前初冬的一个晚上，我们坐在北京展览馆剧场，观看莫斯科大剧院芭蕾舞团访华演出的舞剧《天鹅湖》。

透过时空隧道，优雅的舞姿、经典的音乐、高贵的天鹅、圣洁的爱情，铸成不朽的名剧。爱与善战胜邪恶，给我们留下深刻的记忆，照亮了我们的心灵。

天鹅美丽灵动如天使，羽毛柔软洁白，飞行既快又高，它们是天空中自由的舞者，蓝天是它们的故乡。天鹅栖息于湖泊、沼泽地带，清澈的湖水是它们的天堂。

就在这个冬天，朋友告诉我：一个前几年还有一万多只天鹅的湖中，如今只有一千多只了。生存环境的恶劣，气候的变化，自然生态的蜕变，人类的捕杀，使有的天鹅飞不到目的地，生命就奄奄一息，天鹅的数量逐年减少。

听着真实的故事，见湖泊河流周围烟囱林立，垃圾横流。那失去伴侣的天鹅形单影只，满怀忧伤，在湖畔孤寂的哀鸣。捕杀动物的枪声响起，天鹅瞬间坠落倒下，凄厉的声音，使悲悯、善良的人们感到震惊，流下眼泪。

天鹅的离去，应该唤醒人们的良知仁心，警示人类的道德底线。上天恩惠人类有加，给予人类空气、水和土地。林木用树冠、群鸟

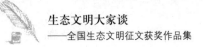

用羽翼为人们遮挡风雨，送来清凉和安宁。人类对赖以生存的资源却不珍惜。生活污水、工业废水、污物的排放，污染空气和水源，水质下降，江河断流。全球气候变暖，海平面上升，洪水、干旱、滑坡、地震、沙尘恶劣天气，灾难频频发生。一些物种濒临灭绝，也给人类自身带来苦难。

危机有时是人类制造的，需要人类共同反省、承担和参与解决。其实，热爱自然，关爱动物，和睦相处就是关爱人类自己。应关注节能环保，举手之劳，一举一动，从我做起。随手关灯，节约纸张，绿色出行，植树造林，低碳生活。"见兔而顾犬，未为晚也；亡羊而补牢，未为迟也"。

一只天鹅、一头小象、一朵鲜花、一棵小草，溪流瀑布、日月星辰、朝云暮雨……大自然的千姿百态丰富着我们，提供给人类美的感受。让自然中的生命自然而然，让动物、植物在属于自己的天地里活泼自在地生存，让青山常在，绿水长流。只有这样，我们再来无锡时，就仍能赏太湖之美；再去哈尔滨时，还可以看到松花江水波荡漾。否则，只能祈祷时光流转。地球是人类的家园。为了子孙后代，人类有责任用心灵去追求与自然的和谐发展，把世界变成一个更美好的社会和值得留恋的地方。当我们仰望天空，有天鹅飞过，当我们环顾湖泊，有天鹅群栖息。愿江河不落，岁月静好。

生态文明建设应成为经济发展重要支撑

辽宁省阜新市环境保护局　张继辉

随着辽宁省阜新市工业化进程的加快，液压、皮革等产业项目纷纷落户，社会经济企稳向好。但是，经济社会发展与资源环境约束的矛盾已显端倪，环境压力继续加大。如何使全市经济做到科学、可持续发展，生态文明建设显示出极其重要的支撑作用。

一、生态文明的特点决定了对经济发展的支撑作用

生态文明是对工业文明深刻反思后的再升华，其核心是"人与自然协调发展"，主要特点是：

在价值取向上，强调给自然以平等态度和人文关怀。生态文明的价值观是从传统的"向自然宣战"、"征服自然"向"人与自然协调发展"转变；从传统经济发展动力——利润最大化，向生态经济全新要求——福利最大化转变。生态文明是规范人类经济建设行为，关怀、尊重、保护自然的行动指南。

在实践途径上，生态文明体现为自觉自律的生产生活方式。生态文明追求经济与生态之间的良性互动，改变"三高一低"的生产方式，倡导克制对物质财富的过度追求和享受，选择自身与环境双赢的生活方式，使绿色产业和环境友好型产业在产业结构中居主导地位，成为经济增长的重要源泉。

在时间跨度上，生态文明是长期艰巨的建设过程。生态文明肩

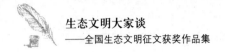

负着"补上工业文明的课"和"走好生态文明的路"双重任务和压力。由于阜新市历史欠账较多，企业环保设施基础差，生态文明建设将是一项长期任务。

阜新市在引进企业和项目中，特别是一些低端产品项目的落户，要坚定不移地将生态文明建设放在重要位置，以此来助推、确保阜新市经济建设稳步、有序、健康发展。

二、建设生态文明是推动发展经济的主要途径

生态文明建设是一项涉及环境、经济、生态、文化等领域的系统性工程，结合现状，可从以下几方面入手：

生态文明理念前移。理论是行动的先导，政府的决策、企业的投资、公众的消费方式都会受其思想和观念左右。如果忽略了生态文明价值观，就会偏重人本身的价值，以追求更大的功利，置环境价值于不顾，造成经济短期繁荣假象，使经济建设偏离可持续发展道路，社会深层次矛盾就会在日后陆续显现。所以，生态文明理念在各阶层、各领域的前移尤为重要。

统筹区域发展布局。按照国家主体功能区划要求，依据目前环境容量和生态承载力，明确全市功能区的发展定位与方向，合理确定发展方式和发展规模，细化环境分类管理。在优先开发区域，坚持环境保护优先，实行严格的环境准入制度、实现增产减污；在重点开发区域，坚持环境与经济协调发展，严格控制污染物排放总量，实现增产不增污；在限制开发区域，坚持保护第一，加快重点生态保护区建设，逐步恢复生态平衡；在禁止开发区域，坚持强制性保护，严禁不符合主体功能定位的开发活动，控制人为对自然生态的干扰和破坏。

全民共建系统工程。首先，各级政府要充分重视生态文明建设，

紧紧把握生态文明体制机制建设、生态经济文明建设、生态环境文明建设、生态文化建设等重要环节，在公众心目中树立起正面、客观、负责的生态文明引导、践行者形象。其次，企业要承担起社会责任，主动、扎实推进生态文明建设。通过技术革新减少污染，使清洁生产、循环经济、节能减排，可持续发展融入企业决策之中，寻求新的利润增长点。最后，社会公众应自觉参与生态文明建设，倡导简单消费，对身边的自然界给予更多人文关怀，使人与自然真正成为有机整体。

三、在生态文明建设中发挥环保主阵地作用

环境保护作为转变发展方式、调整产业结构的有力手段，其历史进程直接决定生态文明建设的发展进程。

发挥环保决策作用。在经济发展中，区域布局规划、项目准入标准、环境容量核定等一系列前瞻性工作决定着区域经济发展方向和企业发展前景。充分发挥环境保护参与综合决策、优化经济发展的作用，是解决经济社会发展与资源环境约束矛盾的最佳选择，是生态文明建设的最有效手段。

发挥保护民生作用。环境保护贯彻的是"以人为本、关注民生"的战略方针，围绕这一方针开展了群众饮水安全工程、区域烟尘治理、退耕还林、秸秆还田等工程。目的就是保障水、食物、空气等的质量，使人民群众的生命、健康得到充分保障。

发挥环保职能作用。通过环境监管遏制高耗能、重污染行业无序发展、盲目扩张；发展生态农业和一大批具有地方特色的无公害农产品、绿色产品，不断满足人们日益增长的消费需求；实行污染物总量控制、环境影响评价、建设项目"三同时"制度等；对环保知识进行宣传，使公众树立起生态价值意识、生态忧患意识、生态责任意识，自觉投身于生态文明建设实践中。

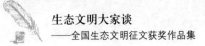

发挥环保增值作用。环境质量的好坏直接影响着国民经济的增长，主要体现在：一是会对农业生产和农产品质量造成影响，直接关系农民的经济收入。二是环境质量对旅游业会造成影响。阜新市查海遗址、海棠山摩崖造像等在全国小有名气，如采取一流的生态保护措施，借助得天独厚的自然环境，旅游收入就会提高。三是环境质量会影响到经济投资。一旦区域环境质量恶化，就会使投资者失去信心，甚至撤资。因此，注重环境保护是阜新市经济发展的客观要求。

探索农村环保新道路　推动绿色发展

陕西省合阳县环境保护局　雷军红

陕西省合阳县近年来努力建设生态文明，积极探索农村环保新道路，始终坚持生态立县战略，充分利用农村环境治理的倒逼机制，不断优化产业结构，大力发展生态经济，改善生态环境，保持生态系统良性循环，初步实现了环境、经济、社会的共赢。

一、探索农村环保新道路的基本做法

引导与倒逼并举，开辟农村环保主战场。以农村环保为突破口，充分运用农村环境治理倒逼机制，积极采取了"四轮驱动"（以奖促治、以奖代补、以考促治、以创促治）的办法，在实施严格的环保专项资金投入和环境综合整治的同时，适时出台"生态县建设规划"、"环保目标考核一票否决"等扶持政策，引导落后村主动出击，极大地改善了农村环境面貌和公众参与力。

多管齐下，推动新农村向绿色生态转型。2010年，合阳县对省环保厅列入环境综合整治试点的新池镇新池村、坊镇大伏六村，有重点、全方位地进行了综合治理。推行产业配套发展、环境治理有保障的循环发展模式，全县形成了"种—养—沼"、"草—牧—沼—果—菇"、"鱼池—台田"等绿色生态经济模块。以构建"五级生态网络"（生态县、生态镇、生态村、生态户、生态基地）为主线，实现省级生态县目标。

城乡一体统筹，促进环境质量提速转优。按照城乡统筹的要求，重新规划污染治理项目和覆盖全县的农村环境综合整治工程。投资1500万元开工建设污水提标改造及废水深度治理项目，打响了渭河"三年变清"攻坚战。延伸至城镇、农村污水处理及管网工程建设全面铺开。以农村环保为载体，投资540万元启动实施农村生活垃圾处置整县推进项目。

点线面结合，实现"四无"向"四清"转变。合阳通过"四无"改造，实现从（农户庭院、村庄无垃圾；集镇无垃圾；河库塘无垃圾；公路、村间无垃圾）向（清洁家园、清洁田园、清洁能源、清洁水源）目标转变，与农村生态环境、生态产业、生态工程和城镇化建设紧密结合，为合阳农村结构调整打开了一扇"向前疏导的门"。

二、探索农村环保新道路的有益启示

合阳县充分利用农村环境治理的倒逼机制，引导农村发展、农业增效、农民增收，有力地促进了城乡生态环境的良性互动，走出了一条生产发展、生活富裕、生态良好的环保新道路。其基本内涵和实质为：政府作为，调整产业；治理倒逼，结构转型；广泛参与，全面推动；疏堵结合，环保引导；统筹城乡，再造环境。这既是合阳建设生态文明的生动实践，也是以环境保护优化经济发展的有益探索。

（一）生态兴县是实施《关中—天水经济区发展规划》和陕西东大门建设的助推器

合阳在《关中—天水经济区发展规划》和建设陕西东大门实施前，大力实施生态兴县战略，集中整治城乡环境，发展生态经济，实现了生态建设从粗放经营到科学精细的华丽转身，发生了质的变化。这充分说明，生态建设是配合《关中—天水经济区发展规划》

和建设陕西东大门的有效措施。绿色生态、持续发展，对促进《关中—天水经济区发展规划》和陕西东大门建设无疑是有十分重要的现实意义和深远历史。

（二）严格考核是农村环境保护的主抓手

环保目标考核是合阳县对当前多数农村地区环保工作的重要手段之一。具体工作中，县上主要领导亲自挂帅，县镇（办）成立专门机构，确定专门人员，下发专门文件，在全县形成"政府统一领导、环保策划监督、部门分工负责、社会广泛参与"的工作格局。并把环保工作纳入全县目标责任考核，实行"一票否决"，采取"月检查、季评比、半年汇报、年终考核"的办法进行落实。这些制度不仅对农村环境的整治和巩固起到了很大作用，而且取得了明显效果，促进了生态环境建设，从源头上减少了污染物产生。

（三）保护环境是促进农村绿色发展的源头水

合阳没有把农村环境治理看作负担，而是以发展和增值的理念来看待环境保护和环境治理，以"再造环境"来提升农村形象。把对农村环境治理的投入作为一种投资，使环境保护成为绿色发展的核心内容。积多年之实践经验，指导思想符合县情，目标任务切实可行，方法步骤灵活创新，具体措施软硬到位，环保效果日益显现，得到镇办、村组和农户的一致认同，并从中获益，实现了综合效应。

（四）工业污控是农村环境与经济融合的落脚点

合阳铁腕治污，全面推进，实现了节能降耗、污染减排约束性指标和经济又好又快发展。到2016年前，全县不少地区仍处于工业化进程中，而对此产生的一切有碍于环境保护的不良做法，务必引起高度重视。要从产业、产品、企业规模等入手，加大工业行业污染防治力度，强化过程监控和集中治理，推动绿色增长，最终达到环境与经济高度融合。

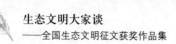

（五）保障和改善民生是农村环保的常命题

合阳经验再次证明，环境保护是重大的民生问题，在偏僻乡村初步实现小康后，改善民生的优先选择是保护环境。要始终坚持环保为民，把维护、保障和改善民生作为环保工作的出发点和落脚点，切实解决关系民生的突出环境问题。同时，要牢固树立做好环保工作必须紧紧依靠人民群众的意识。解民忧是环保工作的职责之系，集民智是环保工作的推进之基，借民力是环保工作的动力之源。

农村畜禽粪便污染怎样治理

江苏省如东县掘港畜牧兽医站　石银亮　康美红　周建东

　　畜牧业近年来发展迅猛，养殖专业户和规模养殖场逐年增多，畜禽养殖业已成为农村经济中最活跃的增长点，带来了巨大的经济效益和社会效益。但随之也产生了新的问题——粪尿乱排乱放，污染环境。笔者对江苏省如东县某镇农村畜禽饲养量、粪尿排出量、粪尿处理现状作了认真调查，并对乱排乱放原因进行了分析。现就畜禽粪尿污染治理提出对策建议，以推动畜禽生态健康养殖步伐，推动农村生态文明建设。

一、农村畜禽饲养及粪污处理现状

　　江苏省如东县某镇现有正常栏存饲养生猪 106 500 头左右，家禽正常栏存 461 880 羽左右。蛋鸭、鹅忽略不计，全镇每天饲养的畜禽粪尿量约为 3 201 吨。

　　目前这个镇的畜禽粪尿处理情况为：肉鸡、草三黄所产生的粪尿 70% 被有机肥厂收购制作有机肥，30% 用于肥田。山羊所产生的粪尿被花卉园林公司收购利用。有 7 800 多头散养生猪粪尿用作有机肥，进行肥田处理。部分规模场已投资 10 万多元建起沼气池，但出于多种原因，至今未能使用。小型规模猪场和蛋鸡场对粪尿处理基本处于乱排乱放状况。目前对畜禽粪便任意排放的生猪饲养户虽不足 200 户（栏存 4 万头），蛋禽饲养户不足 20 户（93 484 羽），但

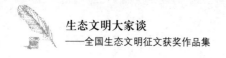

每天随水冲洗外排，直接进入河道的粪污量相当可观。

二、畜禽粪便乱排乱放危害及原因

畜禽粪便乱排放危害归纳起来有以下方面：畜禽粪便乱排放不仅污染了自身的居住环境而且也污染了周围环境，邻居意见很大，极大地影响了人们的身心健康和环境友好型社会建设。畜禽粪便乱排放严重污染地表水和地下水，产生的恶臭气体严重污染空气，极大地影响了整个产业的可持续发展，更是破坏了未来的战略抉择。畜禽粪便乱排放对实现生态文明建设工作实现造成了一定的困难。

造成畜禽粪尿乱排乱放原因有：规模化、集约化饲养的效益凸显，一部分农户只扩建饲舍，不扩建贮粪池，水污不分离，形成饲养量与贮粪池不匹配，加之用肥有季节性，所以在用肥淡季，任其粪尿外溢。一些规模养殖户为节约成本，在建饲舍时没有建蓄粪池，把废沟、废塘作为蓄粪池，常年不清理。遇到雨季，粪尿随雨水流动形成污染。

有机肥的使用越来越被人们忽视。由于市场不稳定，加之畜牧业是微利行业、风险行业，农户或养殖企业不愿或无力承担防治污染的费用。人们对无污染的生态发酵床养猪技术认识不足，推广力度不够。

三、治理畜禽粪尿污染的对策建议

应将治理畜禽粪尿污染摆上各级领导干部工作日程：各级政府应把治理畜禽粪尿污染列入工作重中之重，领导干部应与时俱进，形成共识：绝不能以牺牲环境来换取繁荣，绝不能以牺牲长远利益来换取眼前利益，绝不能以牺牲环境来换取经济增长。

对小规模的养殖户（50～100头栏存）形成的污染的，要动员业主对贮粪池进行扩建，实行雨污分离，贮粪池扩量至栏存猪产生的粪尿量相匹配。对一些散养户（50头以内）动员农户利用猪粪变沼气，沼气烧火做饭，将余下的沼气变为有机肥，走资源循环利用之路。对规模场已建沼气池的，要敦促业主科学、认真使用。

采取农牧结合办法，在连片蔬菜或高标准粮田、葡萄园或花木林园中间或周围布局，畜禽排粪尿与使用粪尿相匹配的畜禽养殖场，或与现有蛋鸡场、规模较大的猪场挂钩，使粪便成为高效农业需要的有机肥。

推广发酵床养猪势在必行。要全面认识发酵床养殖技术，在认识基础上运用，为养殖模式改变提供鲜活样板。畜牧技术部门应安排专门技术人员，从猪舍设计、用料选择、面积测算等技术层面到后期的发酵床作业维护，实行全程跟踪指导。

坚持政策驱动，为全力发展生态养猪提供驱动。一是政府出台文件，明确新建规模养猪场必须是发酵床养猪，已建成投产规模场也要逐步进行改造。新建发酵床养猪场，应给予适当奖励。二是对开展发酵床养猪免费提供菌种，所需经费由财政解决。三是免费提供资料、培训、考察。四是开展零距离服务活动，确保规模发酵床养猪场常年有技术人员跟踪服务。基层政府、村级组织要有推进生态养殖措施。如镇级人民政府，一要成立生态养猪领导小组，具体负责项目的组织、指导、管理、实施、监督、考核等工作，明确各村主要负责人为生猪生态养殖第一责任人，分管负责人为直接责任人。二要把推广生态养猪纳入农村工作主要考核内容，在规定时间内，全镇各村生态猪场面积应达到相应规模。三要设立生态养殖发展目标责任奖，对达到县级发酵床养猪示范村标准的村予以奖励，完成年任务对村一次奖励等。四要加大督察服务力度。镇政府制定督察方案，对各村实施进度实行月督察、月通报、季考核，全力推进生态养殖生猪的发展步伐，着实解决畜禽粪污问题，使畜禽养殖能健康、可持续发展。

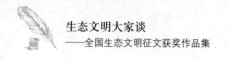

拥抱生态文明

江西省上饶市委党校　邱炜煌

　　有一个词组，在新闻媒体频频出现；有一个理念，在党的十八大报告中熠熠生辉；有一种实践，在神州大地蓬勃兴起；有一种愿景，激励我们昂扬前行。这就是生态文明。理论界称它为"发展意识、执政理念"，老百姓理解为"绿水青山、蓝天白云"，我则如此诠释：它是科学发展的重要体现，它是和谐社会的本质要求，它是执政为民的生动注解，它是"中国特色"的鲜明标志，它使社会主义更加可亲可爱。

　　生态文明揭示科学发展的必然要求。我们可以忘记远逝的古楼兰，但不能漠视日益逼近的沙尘暴。我国沙化面积已达 174 万平方公里，而且每年以 3 000 多平方公里的速度扩展。我们即便守护不了"天苍苍、野茫茫，风吹草低见牛羊"，也不该让河流受到污染、饮水出现危机。

　　生态文明体现社会主义价值取向。资本主义必然加剧人与自然的矛盾，给人类带来生态恶劣的痛苦。马克思、恩格斯的"跨越卡夫丁峡谷"理论启示我们：社会主义代替资本主义，不但要建立社会主义政权和制度，而且要努力避免资本主义的痛苦。马克思对资本主义生产方式的批判体现了对生态文明的追求，期望以生态理性取代经济理性，从而避免资本主义的痛苦。经济理性只会使人与人的关系变成金钱关系，使人与自然的关系变成工具关系。而生态理性则力图适度动用劳动、资本、资源，满足人们适可而止的需求。当代中国仍然是发展中国家，远没有走出社会主义初级阶段，我们要大力发展社会生产力，但必须转变发展方式，实现科学发展，推进绿色发展、循环发展、低碳发展，绝不能拼资源、拼环境。应该铭记黎巴嫩诗人纪伯伦的忠告：我们已经走得太远，以至于忘记了为什么出发。不要因为恶性增长，使我们的眼泪成为人间的最后一滴水。

生态文明期待人与自然同存共荣。人是自然界的有机组成部分，是万物之一员，自然之一分子。人类对自然的利用与改造，当以保证整体生态系统的动态平衡为前提。人类可以而且应当干预和改造自然，但不可超越自然界物质循环和能量有序流动的限度。人类不能只是开发自然、征服自然、利用自然、索取自然，还要保护自然、补偿自然、按自然规律办事，与自然和谐相处，走与自然同存共荣的发展道路。不能忘记伟大导师马克思的警示：人类社会要遵循自然所固有的法则和规律，否则就会受到大自然的报复与惩罚。

生态文明需要法律制度保障。要改变"自然资源可以取之不尽、用之不竭"、"环境可以无限容纳污染"的旧观念，摒弃长期以来经济增长不计资源消耗和环境成本的做法，必须形成保障生态文明的制度环境。要坚决落实以绿色 GDP 为主的官员政绩考核体系和官员问责制，把生态文明建设的理念、原则、目标融入各项建设，用社会、经济、文化、环境、生活等各方面的指标来衡量干部的政绩；坚决执行保护生态环境的各项法律法规，从根本上扭转生态环境恶化的趋势；一手抓治理一手抓建设，大力实行退耕还林还草和植树造林等一系列政策；要按照全国主体功能区规划，明确优化开发、重点开发、限制开发和禁止开发区域。完善并推进绿色信贷政策、绿色保险政策，制定和完善鼓励节能减排的税收政策，适时开征环

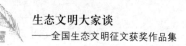

境税。

生态文明呼唤科学、健康的生活观念。生态文明观的诞生，必然要求人类生活方式、消费观念发生根本性变革。人的消费直接或间接地消耗各种资源，同时产生排放物和废弃物。因此，应改变过去高消费、高享受的消费观念与生活方式，提倡勤俭节约，崇尚绿色生活，实现人类自身健康发展与自然资源的永续利用。建设生态文明，任重道远。当前，与其坐而论道、怨天尤人，不如从我做起，身体力行，有一分热发一分光，即使如萤光一般闪烁，也不能等候别人照亮。

生态文明，美好家园，中国特色社会主义的新境界。让我们用青春、智慧和力量去拥抱她吧！

洱海智慧——写在洱海保护月

云南省大理市文体广电局　那家伦

终年生存在雪峰绝顶的苍山脚下，天天饮用着洱海丰沛清冽的水，就连连续两三年的严重干旱，洱海也没有断过供水。每当我拧开自来水龙头，想到那些最严重的旱区的令人心痛的缺水情况，我真诚地想伏在洱海面前喊她一声"母亲"！

我们饮用的是洱海母亲的丰美的乳汁……

不仅是这样。洱海的浩浩波涛，通过西洱河三级电站发出电能，为我们带来光明，让大地温馨……

不仅是这样。洱海是一个天然的渔业乐园，她的鱼种丰富鲜美，既为我们提供了丰富的美食又远销外地和国外。正因为有洱海鱼虾，才创出了名扬中外的"砂锅鱼"……

不仅是这样。百里洱海百里美景。洱海的美，感动了到过洱海的每一个人。洱海水煮洱海鱼，是大理食文化的绝品。"三道茶"的礼仪，是大理茶文明的精彩演示。每一条游艇，载的是洱海的深厚挚真的盛情……

不仅是这样。洱海的盛意奉情的水，无所索取的坦荡地浇灌了大地上的田亩和茶园花地，给我们提供粮食、油料、牲畜、茶叶、奇花异卉和太阳底下很美的美景。在大理、下关城廓很近的地方随意就可赏到自然态的白帆、丽鸥、田野景致。

不仅是这样。洱海以她丰沛的灵与肉，全方位、多维度、全立性地养育了大理文化、白族文化和南诏文化（实际是云南文化）。

不仅是这样。洱海是大理的、白族的、大理各民族的珍贵的非物质文化遗产的最鲜活的核心载体。洱海像母亲的神圣子宫一样孕育了大理。大理的每一步文明滋营都来自洱海的滋润。大理的历史要由洱海来证明。洱海，是大理人的出发点和归聚处。

不仅是这样。洱海是所有大理人的灵魂的归宿处。根在何处，根在洱海。浩浩波荡上的每一朵洱海的水花，都是我们灵悟的光华。正是洱海的智慧，使智慧凝结成一个力量，诗的，也是物质的力量：洱海清，大理兴！

在人类面临着地球家园严重遭受文明进程中的环境污染破坏的大形势下，这是一种具有创举意义的智慧升华。它关系着洱海的命运。

整个地球的水，宝贵极了的水，都在承受随厄运。每年干涸的湖泊数以万计。几乎每一个湖泊都在直接或间接地遭受着污染。许多许多湖泊都在瘦弱中退化或缩小……

智慧的洱海，在顿悟中升华了洱海的智慧。

一场声势浩大的治理母亲湖洱海的系统工程，全民参与性地科学地在这片美丽、富饶、神奇、丰魅的大地上展开了，而且是具有创举意义地不敢懈怠、竭心尽意地持续展开了。

我向那些含泪砸毁烧油的机动船的渔家兄妹致敬。一条船有时就是全家生计所依呵……

我向重新升扬在洱海碧波上的每一面颜色的风帆致敬。每面船帆都是诗，是对生活的信念的坚守……

我向每一位毁去网箱养鱼的兄妹致敬。蒙受着巨大的经济利益损失，也要让洱海水质变清。许多人家是重新创业呵……

我向那些怀着时代紧迫感科学改建村邑落后排污水道，设置污水污物净化系统，垃圾综合治理，安装太阳能装置，充分利用废物再生的人们致敬。每一个改进都是呈献明天的礼物……

我向珍惜水资源实行科学喷灌、合理绿色养殖的人们致敬。在旱年我们才更认识一滴水的重量……

我向划桨驾一叶小舟从早到晚在阔阔洱海水面上打捞废弃物的环卫工人们致敬。披风载日，冒雨踏浪，任劳任怨，待遇微薄。你们辛劳的身影已经铭映在洱海的不朽的水波上……

我向那些爱护洱海的青年志愿者和少先队员致敬。他们徒步或者骑车环湖宣示环保、拣拾垃圾、绿化种植，或规劝不端行为。青少年维系的是民族的希望。每一次洱海日出都映灿一片可亲可敬可爱的美丽年轻心灵……

我向一位位脚印大地的把青春和生命奉献于洱海科学研究的水生物学家、水利学家、水环境学家……致敬。他们也许为了坚守一种科学信念，要经受种种艰难，千百次论研，或还要在暴雨雷鸣中踏波蹈浪，实地检测……

洱海历来是个智慧"场"。在科学发展的循环经济领域，她还有许多事情可以开拓。这不，令人头痛的牛粪已经变为财富。现在，有专车驶往村寨，按斤收购牛羊等牲畜的粪便。一户农家只要把从前牲畜们随处排泄的粪便收集起来，一个月几百元钱额外收入便进账了。废物变成可再生利用的原料，经过生物过程处理，畜粪变为优质无害可直接施用的有机肥，它富含植物所需的均衡养分，是绿色、环保、安全的肥料。

……当我从干净的没有一点垃圾的村邑的道上走过，当我从修建得规整显现出富裕的农家楼舍边走过，当我从新建的一幢幢有气派的学校前走过，当我从始终是清冽透亮可见波中水草的洱海边走过，我都能感悟到洱海智慧的光熠。智慧，不仅是光的亮的，它还是热的温暖的，甚至是喷发的，像播飞的种子，辛勤播撒的，是希望，

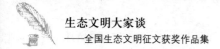

是愿景，是决断，是力韵，是诗与美。

智慧到底是什么？智慧是需要放在一个纵深广远辽阔的大历史中的天平上，以一个民族的良心和良知作砝码，又要让未来作检测，集中人类先进思维的精华而果决坚毅的精神升华……洱海，你的智慧是这样经得住掂量的吧？

洱海的每一朵浪花是多么沉重呵。洱海的每一滴水是多么值得我们珍惜呵……

城市绿地规划应有前瞻性和科学性

湖北省五峰采花文化中心　葛权

城市绿化改造和创新，首先要注重改造后养护工作的可行性和后续管理。一次性建设得很漂亮并不难，难在如何保证这些精品靓得健康，靓得持久。其次，应加强景观塑造的地方特色与原创性，新建景观应以本地的审美习性、城市建设背景为基础，充分体现萧山的乡土人文特色。同时，景观要有较深的文化内涵，与周边环境功能互补，元素搭配体现艺术性。最后，适当增加花果类树木的搭配种植，营造市民喜闻乐见的绿化群落景观。

在进行绿化改造特别是老城市绿化改造时，应同时对周边的环境进行附带改造，这样既可以增加整体美感，又可以使周围居民受益。景观改造应该华而实，"华"是要美观大方，"实"则是要实惠，造价和维护费用不应太高。要加强监控和管理，避免个别素质不高者破坏新建景观。

应该继续增加绿量，老区要见缝插绿，充分利用阳台等空间大搞垂直绿化。新区或以后新建房屋可在屋顶上做文章，建成适于绿化的屋顶，在现有基础上科学进行屋顶绿化。联合国环境规划署的研究表明，如果一个城市屋顶绿化率达 70% 以上，城市上空二氧化碳含量将下降 80%，热岛效应会彻底消失。还可以利用屋顶做文章，栽植药材，带来可观的经济效益。要把城市建成"城在林中，房在树中，人在绿中"的生态市、园林城。

加强绿化管理部门、综合执法部门、绿地认养单位的协调力度，形成齐抓共管的局面。如街道环卫工人在负责街道卫生的同时，可以兼顾绿化带的日常养护管理，制止路人踩踏绿地的行为。

合理布局，科学设计每块绿地的面积。避免因路边每块绿地面积过大、间隔过长，导致行人因过马路不方便而踩踏绿地的现象。同时，要尽快对枯萎绿地进行重新植绿。要加大监管力度，采取设置警示牌、宣传标语等措施，加强宣传和引导。重点地段实行专人管护，强化绿地管理工作。要认真实施门前"三包"责任制，做好各自门前树木绿地的日常管护工作。实行门前"三包"，做到保活、保绿，切实从根本上改变边建设、边破坏，建管失衡的状况，实现建一处绿一片、建一路绿一线的目标。

城市绿地系统规划应有前瞻性和科学性，合理、均衡地安排绿地数量和布局，使绿化工作符合城市总体规划。注重结合本地实际情况，因地制宜，避免片面追求大草坪、大广场的思路。多建设一些更加亲近市民的街头公园绿地、社区绿地。

在物种选择上，应考虑本地自然和气候环境，体现独特的城市园林文化特色。提倡和鼓励见缝插绿，积极开展庭院、阳台、屋顶、外墙面绿化，最大限度地消灭绿化盲点。

坚持建管并重，明确管理责任，做到不植无主林、不种无主树，避免出现植树造林轰轰烈烈、植后无人问津的现象。实施严格的规划控制，现有绿地一律不得改为房地产开发，违章建筑拆除腾退出来的土地要优先实施绿化建设。在城市建设中，项目建设和绿化要同步规划、同步设计、同步施工、同步验收。对绿地率不达标者增加绿化补偿金，加强对小区绿化效果的检查。

怎样不断提高生态文明教育质量

湖北省五峰采花广电中心　诸葛冬梅

生态文明的提出，把我国社会主义文明建设提高到一个新的高度。建设生态文明是一项覆盖各领域、各行业、各阶层的社会工程，要实现这一目标，必须使生态文明建设的观念深入人心，并转化为全体人民的自觉行动。推进生态文明建设，实现人与自然和谐相处，是一场深刻变革，关键是要通过教育途径，唤起并不断提升全体人民的生态文明意识。

生态文明教育是环境教育转向可持续发展教育之后的又一次进步。环境教育更多的是介绍人与自然的关系，力求通过人类意识的转变使周围环境得以改善。可持续发展教育基本上是价值观念的教育，核心在于"尊重"——尊重他人，包括现在和未来的人们；尊重差异与多样性；尊重环境；尊重我们居住的星球上的资源。生态文明教育是以生态文明观为指引，旨在提高公众综合生态素质，在内容上较环境教育和可持续发展教育更深入、更具体。

生态文明教育是指在提高人们生态意识和文明素质基础上，使之自觉遵守自然生态系统和社会生态系统原理，积极改善人与自然的关系、人与社会的关系以及代间、代际间的关系，根据发展的要求对受教育者进行的有目的、有计划、有组织、有系统的社会活动，以促进受教育者自身的全面发展，为社会发展服务。核心内容是关于生态伦理、生态道德、生态安全、生态政治、循环经济与清洁生

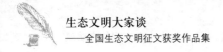

产等方面的理论教育与实践体验。

一、生态文明与环境教育的模式

当前，生态文明教育已经得到多方共识，应尽快创新适合我国资源节约型与环境友好型社会发展的生态文明教育模式，使人们更容易接受、更方便接受、更快地接受生态思想，提高我国公民的综合素质。

生态文明教育有"三位"教育，即学校教育、社会教育、家庭教育。学校教育主要是教师对学生的教育，家庭教育主要是家长对学生的教育，社会教育是国家对教师、家长及学生的教育。

以学校教育主导。学校是生态文明教育的主要基地，能够充分培养学生的生态伦理道德、生态保护意识、处理生态问题的能力，领悟生态知识，形成生态文明观。应区别不同学习阶段中学生的生理特点与知识基础，在小学《自然》课程、中学《地理》《生物》课程中纳入资源、生态、环境和可持续发展内容，在高等院校的思想道德课程中开设生态专题讲座。

深入的社会教育。社会教育是生态文明意识在社会上的深化。在社会中开展生态文明教育，必须因地制宜、因时制宜、因人而异、区别对待。要加大新闻媒体的宣传力度，加深公众的生态保护意识，使生态文明思想深入人心。

以家庭教育为基础。家庭作为社会最小的单位，在生态文明教育中起基础作用。家庭教育是社会整个教育事业的重要组成部分，具有不可替代的特点和作用。发挥家庭教育的基础性作用，主要依靠良好的家庭环境、优化的亲人关系及早期教育，家庭教育的主要内容是在点滴中培养孩子保护大自然的思想、关爱小动物的情怀、不破坏环境的意识以及不浪费的生活习惯等。

二、积极探索不断提高生态文明教育质量

充分发挥学科课程渗透的主渠道作用。各级教育行政部门要研究制定学校生态文明教育课程计划。参照《中小学环境专题教育大纲》要求，以必修课、选修课、研究性学习等形式构建成生态文明教育系列地方课程。各学校要结合社区教育资源，积极构建生态文明教育校本课程体系。将生态文明教育的内容渗透到各门学科课程中，坚持将课堂教学渗透作为生态文明教育的主渠道，实现生态教育的任务与目标。鼓励各学科教师挖掘教材中的生态文明教育资源，不断创新教学模式。

发挥社会实践在生态文明教育中的重要作用。重视综合实践活动课程，注意围绕生态文明的热点问题，促使学生研究解决身边的现实生态问题，提高综合分析和解决生态问题的能力。在了解学生兴趣和需要基础上，组织和安排与社区现实生活密切联系的生态文明教育活动。重视学生日常学习、生活中的生态文明养成教育，引导学生从我做起，从现在做起，从小事做起，培养生态文明意识和生态文明行为习惯。

积极开展生态文明主题教育活动。各级教育行政部门和学校要定期开展形式多样的生态文明主题教育活动，培养学生的生态文明意识，普及生态文明知识。要有计划地利用每年的植树节、世界水日、世界地球日、世界环境日等开展相关主题教育。不断创新内容与形式，切实增强生态文明教育的吸引力和实效性。

继续做好绿色学校创建工作。要进一步提高对"绿色学校"创建重要意义的认识，继续扎实有效地做好"绿色学校"创建工作，将"绿色学校"创建作为生态文明教育的有力抓手，把工作做细做实。

积极发挥文明校园建设的促进作用。生态文明是文明校园建设

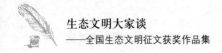

的重要组成部分，要围绕"校园建设十大工程"做文章，积极发挥文明校园建设对生态文明教育的带动作用。如在园林化校园建设中，要积极植绿护绿，美化校园。在法制校园建设过程中，要结合教育法律法规宣传月活动，积极普及生态建设方面的政策方针、法律法规。在文化校园建设中，要将生态文明纳入学校文化建设的范畴，发挥校园文化潜移默化的育人功能。

鄂尔多斯如何发展循环经济

内蒙古鄂尔多斯东胜经济开发区管委会　折占平

鄂尔多斯是一个资源富集地区，也是一个生态环境脆弱地区。鄂尔多斯市委、市政府审时度势，超前谋划，提出发展循环经济这一理念，为依托资源优势地区加快发展提供了一种新的经济发展模式。

鄂尔多斯已在发展循环经济方面做了一些努力和尝试。如提出建设绿色大市、畜牧业强市举措，将生态建设与禁牧舍饲、农牧区结构调整、开发绿色产业有机结合，形成林、农、牧业大循环经济。着眼于做大做强特色产业集群优势，在资源转换和循环利用中实现突破。但是，循环经济在鄂尔多斯还处于起步阶段，存在着一些制约因素，在发展的质与量上还有较大提升空间。

对如何加强鄂尔多斯循环经济发展，笔者提出以下建议：

一是加强循环经济的宣传和教育，积极倡导绿色消费。要通过运用广播、电视、报刊和印发宣传品等手段，大力开展发展循环经济、落实环境保护、资源保护两项基本国策的宣传教育，提高各级领导干部、企事业单位和公众对发展循环经济重要性的认识，树立可持续的消费观和节约资源、保护环境的责任意识，提高公民参与意识。通过各种手段开展循环经济宣传活动，积极倡导绿色消费和垃圾分类，在生活中把节能、节水、节材等与发展循环经济密切相关的活动逐步变为全体公民的自觉行动，逐步形成节约资源和保护环境的生活方式和消费模式。

二是转变观念，进一步深化对循环经济的认识。必须摒弃传统的发展思维和发展模式，统一到科学发展观上来，彻底改变重开发、轻节约、重速度、轻效益，重外延发展、轻内涵发展，片面追求地区生产总值增长，忽视资源和环境的倾向。要调整优化产业结构，提升产业层次，用循环经济的理念做大做强优势产业，形成煤炭、电力、化工等优势产业集群。

三是多措并举，加快循环经济发展。在农牧业发展上，大力推进农畜产品标准化生产，建设绿色种养基地，培育一批有自主品牌的绿色产品，推进农牧业产业化。在能源重化工产业培育上，由主导产业向产业集群拓展，加快大型煤炭基地建设，提高装备水平，积极支持大型煤炭企业实行洗、选、配、运一体化生产建设；发挥煤炭、天然气资源的互补优势，发展煤、气化工产业。在区域布局上，由分散推进向园区化集中发展拓展，以重点工业园区和产业重镇为载体，发挥优势，体现特色，加快构建生态环保型园区，尽快把蒙西等产业重镇建成循环产业示范基地。在企业层面上，由企业内部小循环向企业群体间大循环拓展。鼓励企业开发高载能下游产品，坚决淘汰和关闭浪费资源、污染环境的落后工艺、设备和企业。在推进手段上，由行政引导向运用经济和法律手段拓展，制定严格的市场准入条件和废弃物排放标准。

四是突出重点，抓好循环经济规划编制和研究工作。在编制经济发展规划时应注意运用循环经济理论，优先规划循环经济示范项目，用循环经济理念指导各类规划的编制。要加强对发展循环经济的专题研究，加快节能、节水、资源综合利用、再生资源回收利用等循环经济发展重点领域的研究工作。同时，要重点抓好煤炭、电力、化工、硅铝合金等优势产业的规划和研究工作，拉长产业链条，优化产品结构，促进产业之间的共生耦合、协调发展。

五是强化法治观念，依法推进循环经济的发展。认真贯彻实施相关法律法规，加快制定全市发展循环经济的标准规范及相关制度，明确政府、企业和公众在循环经济发展中的权利和义务。通过经济杠杆的运用，引导企业自主自愿地按照循环经济的模式组织生产经营活动。鼓励企业开发高载能下游产品，提高附加值。坚持"六高"（高起点、高科技、高效益、高产业链、高附加值、高度节约环保）原则，扶优劣汰。认真执行项目建设环境影响评价和"三同时"制度，把环保第一审批权落到实处。通过大力发展循环经济，促进产业层次不断提升，逐步把鄂尔多斯建设成为国家级生态型能源重化工基地。

　　六是建立健全推动循环经济发展的多元化投融资体系。结合投资体制改革，调整和落实投资政策，加大对循环经济发展的资金支持。要综合运用财税、投资、信贷、价格等政策手段，调节和影响市场主体的行为，建立自觉节约资源和保护环境的机制。逐步实行市场开放，鼓励各类所有制经济投资和经营中水回用工程、垃圾资源化处理工程等循环经济项目；鼓励和支持民营企业投资建设和运营以资源化处置项目为主的生态工业园区。逐步实现投资主体多元化、融资渠道多样化、运营主体企业化和运行管理现代化。

　　七是科技主导与自主创新相结合，着力解决循环经济发展中的重大技术问题。科学技术是发展循环经济重要支撑。一方面，要实施技术跨越战略，加快科技成果转化，提高科技创新能力，努力突破制约循环经济发展的技术瓶颈；另一方面，要积极支持建立循环经济信息系统和技术咨询服务体系，引进核心技术和装备。按照引进、消化、吸收的方针，解决循环经济发展的关键技术，重点是废物利用技术、清洁生产技术和污染治理技术。通过高新技术的运用，改造提升传统产业和落后工艺。

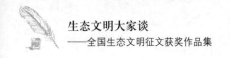
道学天人合一思想与生态和谐

南京大学儒佛道与传统文化研究中心　孙鹏

　　道学文化源远流长，它以道家哲学思想为中心，融合了我国古代天人观念、五行思想、术数理论、养生方法等内容。纵观道教文化史，研读道学经典，可以发现有一根红线贯穿于道学文化之中，那就是"和谐"。在道学的天人合一思想中，显现着生态和谐的智慧之光。

　　天人合一思想主要有两方面含义：一是指天人一致，宇宙自然是大天地，人是小天地；二是指天人相应、天人相通，意思是人和自然在本质上是相通的，所以，人事应顺乎自然规律，达到人与自然和谐。天人合一思想在儒、道两家均有体现，庄子、孟子、子思都有天人合一的思想主张。儒家的天人合一观念侧重于在个人修养方面与"天道"合一；道家的天人合一观念侧重于返璞归真，实现人与环境（道）的和谐一致。在道学的天人合一观念中，"天"接近于自然环境，指的是与人相关联的存在。

　　人类是环境的产物，人类生命的状况与环境休戚相关。在道学文化中，一直贯穿着保护环境、关爱众生的红线，这根红线可以简要地概括为天人合一思想。当然，这里的"天"并不是指高高在上的天神，而是指万事万物构成的环境。

　　《道德经》中多次出现"天"、"天下"、"天道"等概念，这里的"天"多指自然、世界本来的样子，可见道家对天及环境的重视。《道德经》第七章"天地所以能长且久者，以其不自生，故能长生。

是以圣人后其身而身先；外其身而身存。"表现了道家尊重自然规律，遵循万物自身规律的思想。《道德经》第二十五章："人法地，地法天，天法道，道法自然。"反映出道家思想中人与自然的一致与相通。《庄子·齐物论》："天地与我并生，而万物与我为一。"这表明庄子思想中人与自然关系的和谐一致。《庄子·大宗师》："故其好之也一，其弗好之也一。其一也一，其不一也一。其一与天为徒，其不一与人为徒，天与人不相胜也，是之谓真人。"在庄子思想中，天与人是合一的，"真人"就是能够认识并实现天人合一的人。"与天为徒"、"天与人不相胜"正是庄子天人合一思想的体现。《庄子·天道》开篇："天道运而无所积，故万物成；帝道运而无所积，故天下归；圣道运而无所积，故海内服。明于天，通于圣，六通四辟于帝王之德者，其自为也，昧然无不静者矣！"这表明了道家认为人应效法天的规律行事的天人合一思想。

　　道教在道家思想的基础上，极为重视人与自然的关系。"从'天地与我同根，万物与我同体'的思想出发，道教要人以慈爱之心，常因自然，爱护地球上的每一个生命。"在道教思想中，天地万物与人类是同体、同根的，环境中的一切如同人类自身的组成部分，需要爱护而不能任意破坏。道教还从积德行善、因果报应的宗教思想出发，提出爱护万物、保护环境的主张。"为了使这种慈爱之心发扬光大，道教将善待万物作为人修道而能够长生成仙的必要条件。葛洪说'欲求长生者，必欲积善立功，慈心于物，恕己及人，仁逮昆虫，物不伤生，如此乃为有德，受福于天，所作必成，求仙可冀也。'这句话后被道教著名的劝善书《太上感应篇》吸收并修改为：'积德累功，慈心于物。忠孝友悌，正己化人。矜孤恤寡，敬老怀幼。昆虫草木犹不可伤。'道教把爱护人的生命推及到自然万物，更加突出了关爱他人、爱护动物、保护植物的思想，并将之落实到人们

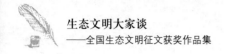

的日常生活之中，这就为人与自然的相融共存提供了思路。"当然，道教思想中存在着善恶报应的宗教情感，但其中所显示的保护环境、关爱众生从我做起的思想，显然具有积极意义。

道教还从天文地理、阴阳时令等方面积极探讨人与自然和谐共存的方法，这也表现出道教天人合一的生态智慧。唐代道教思想家杜光庭在《洞天福地岳渎名山记》中，将"灵化二十四"作为道教仙地来加以介绍，结合天文地理知识，赋予了道教的传道场所的神圣性，其中所蕴含的人与自然和谐共存的生态智慧，可为我们今天解决环境问题提供一定的借鉴。在道教思想中，早已注意到人与自然的密切关系。人类是自然的产物，特定的自然环境造就人类，自然环境可以称得上是人类的母亲。人类和生养他的母亲必定流着相似的"血液"。从山河大地、一草一木，到河外星系、浩瀚宇宙无不对人类的生存发生或多或少的影响。

道教从天文地理、阴阳时令等方面，寻求人与自然和谐相处最佳结合点的思想，以及由此产生的道教风水学，虽然带有浓郁的宗教情怀，但是也显现出道教寻求天人合一之路的不懈努力。

道教在选择和建设活动场所时，综合考虑地理环境、生态条件、自然资源的做法对现代社会仍然有借鉴意义。"从宗教环境看，'二十四治'在场地选择、建筑结构、管理方式上都独具匠心地利用了当地的地理环境、生态条件和自然资源，体现出道教的天人感应思想。"在资源有限、人口众多的现代，人们更应该爱护地理环境，保护自然生态。人与自然之间的影响是相互的，这已经是普遍接受的道理。

总之，中华传统的道学思想中蕴含着生态和谐的智慧。道学天人合一观念若能够融入每一个人的思想中，必将给自然生态带来无限的生机和活力。

将生态文明建设与招商引资有机结合

贵州省发展和改革委员会　陈政

贵阳市公安局　陈曦

生态文明建设是贵州省委、省政府深入贯彻落实科学发展观，积极实施"环境立省"可持续发展和"互利双赢"开放带动战略，加快欠发达、欠开发地区转变经济增长方式，促进国民经济又好又快发展的集体举措。近年来，贵州省围绕生态文明建设，进一步扩大对内对外开放，把招商与选商结合起来，提高了招商引资的水平和质量。

一、科学选商把好源头关

严把招商项目关，严格执行国家产业政策，从源头上严控能耗物耗高、环境破坏大的项目进入。贵州省招商局邀请专家对各地推荐上报的招商项目进行认真筛选论证，从全省申报的 1 499 个项目中淘汰了 100 多个不符合国家产业政策、200 多个节能减排较差和重复建设的项目，优选了 100 个重点项目和 300 个中小项目对外发布。一年来，全省各地还谢绝来自沿海发达地区产业转移中不符合国家产业政策、环保节能减排较差的 80 多个招商项目，总投资逾 50 亿元。

按照发展循环经济理念，全省招商系统把引进外来投资与资源节约、环境保护、科技创新有机结合，借助外力促进全省产业优化升级。在招商引资工作中，注重统筹城乡发展、区域发展、经济社会发展、人与自然和谐发展，结合本地资源特点和市场经济规律，找准招商引资的着力点和突破口。一批有利于保住青山绿水，符合环保节能要求的好项目相继落户贵州。

坚持引资与引智相结合，注重经济效益与社会效益相统一。在保持招商引资到位资金合理、较快增长的同时，注意改善引资结构，引进先进技术和管理人才，切实抓好科技含量高、辐射带动作用大、产业链条长、增值效益好的大项目、好项目。

围绕全省新农村建设和文化旅游产业发展，不断扩大利用外来投资的领域和渠道。抓住新农村建设的契机，进一步推动农业产业化招商。全省招商系统相继引进农业企业130多家，总投资15.6亿元，涉及食品加工、蔬菜、水果等10多个产业，吸引1万多农民进厂就业。

二、围绕资源优势招商与选商有机结合

围绕资源优势，切实抓好招商项目的前期工作，用好项目做好招商与选商相结合。

积极推进生态旅游促进文化招商。2007年5月17日，贵州省组团参加了第三届中国深圳文化产业博览会，推荐120个项目与会，签约项目59个，总金额60.1亿元，在参会各省中排名第二。铜仁地区包装推出100个生态旅游项目和50个重点招商项目，依靠招商引资"借鸡生蛋"，投资4.6亿元的梵净山佛教文化苑规划已经通过专家评审。运用旅游特许经营权相继引进了投资18亿元的遵义红色旅游文化项目、安顺市中国蜡染文化遗产基地建设等一批重大文化旅游项目。

围绕西部大开发战略重点，引进落实了一批重点招商引资项目。全省招商系统抓住我国建立中国—东盟自由贸易区的机遇，多形式引进国（境）外客商投资农业、林业、环保等基础产业和电子信息、生物工程、新材料等高新技术产业。参与国有企业的改组改造和科

技合作。在基础设施建设、资源深加工、中药现代化、文化旅游资源开发及高新技术产业等领域引进了一批有一定影响的新项目。

积极推动9个市州地和23个经济强县，按照资源节约、环境友好、科技创新的要求，积极吸引利用外来投资，借助外力，促进经济强县又好又快发展。积极引导和帮助国家和省级开发区，充分发挥自身吸引利用外资的载体作用，按照"以工业项目为主、吸收外资为主、生产加工出口产品为主，致力于高新技术和发展外向型经济"的要求，充分整合各种优势资源，积极推动体制机制创新。在14个开发区中，相继培育了一批有辐射带动作用、能够形成产业集群的龙头企业。

三、围绕生态文明建设转变经济发展方式

围绕生态文明建设目标，坚持科学选商，重点引进符合国家产业政策和环保要求，有利于促进经济结构调整和产业优化升级的招商项目。

深刻认识建设生态文明对实现经济社会发展历史性跨越的重大意义，正确把握建设生态文明的努力方向。生态文明是一种绿色文明，是在不断加强生态建设和环境保护的同时，加快转变生产模式和行为模式，走一条依靠自然、利用自然而又保护自然，与自然和谐相处、互动发展的可持续发展之路。坚持科学选商，就是要在招商引资的实际工作中贯彻落实科学发展观，就是不能让那种不符合科学发展和贵州省生态文明建设目标要求的招商项目进入贵州。

在招商引资和对外经济合作过程中，严格执行国家产业政策和环保法规，严把招商项目"入口关"。在项目筛选论证、推介发布、对接洽谈、审批服务、协调推进等环节，必须注重环境友好、科技创新、节能减排和可持续发展等重要因素，注意谢绝发达地区产业梯度转移过程中不符合生态文明建设方向的投资项目进入贵州。各地不得

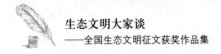

引进浪费资源、污染环境、破坏生态的招商项目。

根据自然生态保存较好的优势,积极围绕发展生态畜牧业、茶叶、蔬菜等生态农业,开展招商引资和对外经济技术交流活动,努力建设成为我国南方重要的优质农产品生产、加工、流通基地。

积极支持各地开展循环经济试点工作,多形式引进国内外优强企业参与循环经济项目建设。特别是贵州省资源型产业集聚区,尤其需要引进资金和先进技术,按照发展循环经济的理念,坚持科学选商,不断提高资源综合利用和可持续发展的水平。

资源型城市生态市建设难题咋解

安徽省淮南市政协委员会　　程晋仓

　　资源型城市如何抓好生态建设，走出一条科学发展的新路，是一个重要课题。作为安徽省资源型城市的典型代表，在生态市建设过程中，淮南市立足市情、统筹城乡，坚持城乡生态建设一体化规划，城乡生态环境一体化保护，城乡生态环境一体化治理，城乡生态建设一体化投入，探索走出了一条实现城乡生态建设一体化的新路径。

　　但是，淮南在生态市建设过程中既有主导产业结构单一，经济极化现象严重，就业再就业任务偏重，社会保障能力较弱，经济增长方式粗放，外向带动能力不高等共性问题，也有个性突出问题。如城市化加速推进与采煤塌陷区不断扩大并存，资源开采处于旺盛期与一半矿区资源枯竭并存，人口密度全省最高与人均环境承载力偏低并存。特别是近年来随着采煤塌陷区不断扩大，人民群众的生产生活和社会稳定受到严重影响，制约着经济社会全面、协调和可持续发展。

　　如何从根本上解决资源型城市的生态市建设难题？笔者特提出以下建议。

一、建立完善支持资源型城市加快生态建设的政策体系

　　一是尽快建立完善有利于资源型城市产业转型、实现生态发展的财税政策。如尽快实现资源税由从量定额计征到从价定率计征转

变；加大省级财政的直接支持力度，重点支持资源型城市生态修复、社会保障、基础设施、公共卫生、保障性住房及职业教育等社会事业发展。

二是建立完善支持产业转型的用地政策。探索土地年度计划指标实行差别化计划管理的办法，按照"好而优则先"原则，将土地利用计划向依法依规、投入产出高的项目倾斜。探索建立跨区域耕地占补平衡制度，保障资源型城市转型项目用地需求。探索在确保耕地占补平衡和符合土地利用总体规划前提下，准许对资源整合后关闭矿井、沉陷区、废弃工矿地、矸石山治理后形成的土地，以及其他可以利用的建设用地进行整合利用，或实施实行恢复治理后的土地挂牌拍卖制度，或用地指标置换，统筹保障转型转产的用地需求。探索在开展城乡建设用地增减挂钩试点基础上，进一步扩大资源型城市的覆盖面。

三是建立完善资源型城市生态环境补偿政策。省委、省政府应考虑设立各类型资源的综合生态环境补偿资金，加快实施生态受益地区对生态耗损地区的生态补偿，以增加资源型城市资源过度付出的社会补偿收益。

二、建立完善支持资源型城市加快生态建设的相关体制机制

一是通过政策引导，建立产业转型项目推进体制。建议省政府对资源型城市转型特别是产业转型给予更多更大的关注和支持，在落实国务院《关于促进资源型城市可持续发展的若干意见》的基础上，只要项目是资源就地转化、循环经济、符合科学发展的，在政策、项目、资金上给予倾斜。

二是建立资源型城市可持续发展准备金制度。设立地方财政可持续发展准备金账户，专款专用，以地方政府为主体组织实施生态

环境治理、资源型城市转型和发展接续替代产业。对资源型城市征收的煤炭可持续发展基金在分成比例上予以倾斜，或所收基金全部留在当地，用于当地可持续发展，或解决历史遗留问题。

三是建立制定《资源生态补偿条例》，建立资源开发与环境保护的良性发展制度保障。建立矿山企业矿区环境治理和生态恢复责任机制，加快建立生态源头控制体系。坚持先征收、后使用。对因开采煤炭而造成的塌陷土地，煤炭生产企业要做到先征后用。坚持先搬迁、后开采。资源开采企业必须坚持先搬迁、后开采原则，切实保护采煤塌陷区人民群众的生命财产安全。坚持谁破坏、谁治理。对因开采煤炭压占土地或者造成地表土地塌陷、挖损，由采煤企业对采煤沉陷地进行综合治理。

四是构建多元化、多渠道的矿山生态恢复治理的投资体制，扩展生态补偿的市场融资渠道。制定奖罚办法，保证煤城生态环境的恢复。

五是健全失地农民生活保障机制。鼓励和督促煤炭生产企业为失地农民提供就业机会。公共就业服务机构要免费为塌陷区失地农民提供就业一条龙服务，实现就业。由中央、省级财政提供专项转移补贴，将失地农民纳入相应保障范围，如城镇居民最低生活保障、社会养老保险、合作医疗保险。

三、加强对资源型城市资源开发管理的宏观调控

建议省政府着眼经济整体布局、协调发展，着眼城市发展的未来趋势，着眼区域经济发展特点，进一步加强宏观引导。

制定明确的城市区域合理分工规划，对区域内各重大基础设施进行统筹规划；对产业布局进行合理分工和政策指导，建立有比较优势的产业结构体系，如煤炭产业延伸链、化工业配套服务体系、

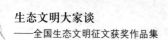

城市农副产品供应保证基地等，从根本上减少重复建设和无效、低效投入。

建立城乡空间一体化市场环境。借鉴长三角区域合作经验，营造承接放大长三角经济辐射功能的环境。从加强立法入手，倡导、引导打破行政区划藩篱和市场壁垒，做到信息共享，整合资源、互补优势、扬长避短、梯次发展，均衡发展。建议采取先行先试办法，从省级层面把淮南列为资源型城市转型试点市、煤炭工业可持续发展试点市和循环经济发展试点市，以及列入全省城乡一体化综合配套改革试验区，全面推进产业转型、转移就业、土地流转、生态治理等方面改革，加快城乡一体化进程。

146

坚持以创建促建设

重庆市潼南县城乡建设委员会　潘文良

建设生态文明，牢固树立生态文明观念，是推进人类文明进步的重要标志，是可持续发展的根本保证。然而，建设生态文明必须要有实实在在的内容，不能仅停留在口头上，要有具体的措施。否则，就会让人无所适从、无法感受，难以进入角色，甚至表现出严重的生态破坏，即人与自然不和谐。

那么，生态文明究竟应如何建设？建设生态文明必须要落实到人类的各种实践活动中，包括经济社会发展的各种行为，都要赋予其具体文明的内容，使人看得见、摸得着，可以活生生地感受到、享受到生态文明进步的成果。

建设生态文明任重道远。生态文明关键在建设。建设又必须立足于创建，即以生态文明创建促进生态文明建设，形成生态文明的实体。对此，笔者建议如下：

一是统筹生态文明创建。要把生态村、生态镇、生态县等的创建统筹到生态文明创建上来，使之成为一个地方文明进步的重要标志。就是要通过生态文明村、生态文明镇、生态文明县的创建，来推动一个地区生态文明的建设，进而将生态文明提高到一个新的水平上来。在具体的创建方式上，要以一个部门来统筹，分层次创建，即按县级、省级、国家级 3 个层次为标准，由低到高逐级创建。凡创建成功的，要分别由县级（省级、国家级）政府为其命名"生态

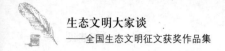

文明村（镇、县）"，让生态文明有实质性推进，其创建成为生态、环保等的总创建标杆，进而避免多头创建、重复创建。

二是制定生态文明标准。生态文明村（镇、县）的创建标准，须高于原生态村（镇、县）的创建标准，不仅要有硬性的生态环境指标，而且还要有经济社会发展指标，以及文明进步的行为指标。要切实做到各项指标层次分明，逐级提高，体现出科学性、准确性、代表性、典型性和针对性。同时，涵盖环保模范城市的指标，使生态文明创建成为生态环保的最高荣誉，以及一个地区、一个城市文明进步的根本性标志。

三是落实生态文明载体。建设生态文明要有实实在在的内容和载体，否则会让人感到空泛、抽象，不知所措。就其载体而言，就是要根据生态文明村（镇、县）创建标准，以生态文明建设工程为支撑，以政府为主导、公众为主体，全面推进。第一要科学规划；第二要加大投入；第三要分步实施；第四是试点示范。总之要做到生态修复与保护并重，形成良性互动，让人看得见、摸得着、可作为。

四是牢固树立生态文明观念。创建生态文明村（镇、县），要切实加强生态文明宣传，在全社会形成生态文明理念，让公众对生态文明入心入脑，融入生活、工作和学习的每一个环节，成为生态文明的实践者、参与者、建设者。要做生态文明人、办生态文明事。

绿 岛

河北省张家口市宣化区委档案史志局　韩杰

　　20 世纪 70 年代，我当兵部队驻在河南南部的南阳市镇平县，那里人口密度大，一二百米远就有一个村庄。寻找村庄很容易，就是看树，树像一个个绿岛簇拥着一个个村庄。当你看到那一团团绿色，没错，那就是村庄了。

　　镇平在伏牛山东，地面还算平坦，种的庄稼主要是小麦、红薯，故不像玉米、高粱那样可以砍下秸秆当柴烧。镇平很缺柴，别处都是割麦子，这里为了取得麦茬烧火，都是拔麦子，拔得人手血里糊碴的，但也要拔。有的农家，缺柴缺到见了一片树叶都要捡起来，到了吃了上顿还不知下顿的柴在哪里的地步。故村民的唯一企望就是见缝插针在院内墙角多植树，植那些长得快，枝条多的树，如杨树，最受欢迎。在别的地方，你可以看见，那些树木人们不大修剪，有的几年才修剪一次，有的终生也无人修剪。而在镇平，树上的每一根枝条都被人们精心地筹划，及时地修枝打杈，以便取下当薪。

　　这一个个绿岛的存在，显示着生命的存在。当村庄里冒出了缕缕炊烟，氤氲成一片雾霭，你眼前便会出现海市蜃楼的幻觉。但绿岛是真实地存在着，它聚集着人气，聚集着生命，是生命的旺泉。

　　复员后，我回到塞北，常徜徉于周围的山山岭岭。山野中常长着一墩墩马莲，马莲先开花后长叶，当百草还未泛绿时，它就开出淡蓝色的小花，像一炷炷蓝色的火苗，慢慢地烤热了春天。一墩墩

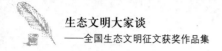

马莲点缀着北方的荒芜，它们也似一个个小小的绿岛，使大山多了几分春意。

我曾在毗邻内蒙古高原的坝上插队，那里有许多芨芨草、针茅，它们也是一墩一墩的，成为草原上的主打草系。实际上，七八十年前，草原上人烟稀少，植被丰厚，冰草、早熟禾等优质牧草有一人高，风吹草低有时也见不到牛羊。后来人多了，盲目垦荒，许多土壤沙化，变成了"风吹草低见鼠梁"，也就是草掩不住老鼠的脊梁。有一年大旱，草原上的草直到夏天也没有返青，一直是黄塌塌的。有一户牧民家来了客人，牧民宰了一只羊招待。羊瘦骨嶙嶙仅宰肉十多斤，而且羊肚子里全是草根、沙子，还有十多只蚂蚱。羊是不吃荤的，但饿极了也改变了食性吃开了蚂蚱。

为了保护环境，这些年提出了"退耕还草"、"退耕还牧"，草原上的草又长高了，有的长有一尺多高，虽不及从前，但也十分让人欣喜了。

我现在所居住的塞北小城东南部有一片黄羊滩，那里有十多万亩沙漠。20多年前，那里黄沙漠漠，所能看到的灌木就是酸枣树了。酸枣仅一米来高，由于稀疏，想遮点阳光也遮不住。夏天，来沙漠的人让毒毒的太阳晒得头晕目眩，几欲晕厥。酸枣一丛丛聚在沙漠上，也似一个个绿岛。冬天，飞沙搅得天昏地暗，由于它们的阻挡，沙子在它们跟前停留下来，越积越高，而酸枣也使劲地往上窜，长得比沙丘还高。所以，当你看到一个个沙丘上那一蓬蓬绿雾，那就是酸枣树了。它们蓬勃的生命防风固沙，保护了生态。

20世纪70年代末，国家启动了"三北"防护林体系建设，作为京津风口的黄羊滩开始了大规模的绿化建设。2000年国家又启动了京津防护林体系建设。如今，酸枣丛那一个个绿岛已经消失，呈现在你眼前的是一片浩瀚的绿海。胡杨、黄柳、桧柏、油松、侧柏、榆树、火炬、桑树、柠条、沙打旺、羊柴、花棒、苜蓿伏青涌翠，微风拂过，那叶片便会泛起哗哗的水声。那一丛丛酸枣棵子也今非昔比，长成胳膊粗，一房多高，它们汇入森林绿色的海洋。秋天，摇晶曳玉，一嘟噜一嘟噜的酸枣竟长得几乎与大枣一般大，给人以丰颖的收获、甜蜜的口福、美妙的念想。

　　黄羊滩南面是海拔1 500多米的黄羊山，我曾登上黄羊山鸟瞰黄羊滩，黄羊滩也成了一个偌大的绿岛。那丛丛酸枣棵子已隐没在森林里不见了踪影。但我知道，它们仍酽酽地绿着，和众多树木、萋萋芳草组成绿色的阵容，并肩携手，用鸟语花香，一派春色揩去了昔日沙漠的荒凉。

　　大地上有许许多多大大小小的绿岛，它们的坚守，就是生命的坚守，自然的坚守。它们阻止了风沙的侵蚀，改善了环境质量，防止了生态恶化，它们似一面面招展的绿色旗帜汇集起来，形成了最亮丽的风景线。呵，我礼赞这些绿岛！

道教的生态伦理之光

辽宁省作家协会　王秀杰

生态伦理学是 20 世纪 40 年代以来逐渐发展起来的一门新兴的伦理学分支学科，而产生于 2 000 多年前的中国道教、道家思想早就吸引了生态伦理学家的目光。中国土生土长的道教是中华传统思想文化的重要部分，不要以为一度被冷落的道教已黯然失色，道教并没有走远，它始终以不同形式影响并渗透到人们衣、食、住、行的各个方面。

一

国际范围内的道教与生态研究，早在 20 世纪 70 年代发端。人们发现，在深邃广大、悠远玄奥的道教、道家思想宝库中，早已有大量的生态伦理的意蕴存在。之后，关注研究道教与生态关系的国外一些著名的生态伦理学家逐步多了起来，如卡普拉、布朗、赖特、李约瑟等，他们都高度认同道教的生态伦理思想，推崇道家的智慧。

国内学界从生态的角度对道教进行的研究只有十多年，从生态伦理的角度对道教进行研究更是近些年的事情，可贵的是已经有了良好的开始。20 世纪 90 年代，国内有部分专著涉及道家、道教生态环境保护，顾玉林的《老子崇尚自然的价值取向》开此先河。近年来，这种研究连续不断。葛荣进的《道家文化与现代文明》认为老子哲学中有维护生态平衡的思想，王泽应的《自然与道德——道家伦理道德精粹》对道家思想与现代生态伦理相通之处作了认真探讨。

研究的加快，是因为危机的加剧。事实上，进入 20 世纪以来，全球范围内环境劫难的加重和现代文明弊病的日益暴露，使得越来越多的人主张尊重自然规律，要求保护自然环境，维持生态平衡，实现返璞归真的理想。

二

　　那么，道教的原始本意是什么呢？道教所蕴含的生态伦理思想是以生命为中心的。这些思想主要发源于《老子》和《庄子》这两部书，它们构成了道教理解、看待世界的基础，是道教最基本的经典。

　　道教、道家思想首先提出了人对自然应有态度和情感，简而言之，一是尊重，二是热爱。道家思想是将生态伦理诉诸人的道德情感，要求人对待天地自然的态度和情感上表现为"天父地母"，像孝敬父母那样尊重天地自然，以普遍的慈悲和怜悯之心善待动物和植物。在先秦《老子》、《庄子》等道家典籍中均有重视自然生态环境、爱护其他物类的思想观念。道教、道家的生态伦理思想归结起来有 3 个主要特点：一是以"道法自然"的思想为基础并始终贯穿始终，二是将人视为自然界的一部分，三是提倡寄情山水、钟爱自然的伦理情趣。

　　庄子在《天道》中还提出了"天乐"的命题，天乐即是与天地万物融洽浑和的快乐自在的状态，是自然之道在人心中的迁延与充实。怎样才能获得"天乐"？在庄子看来，一个人只要善于向大自然学习，热爱和钟情于大自然，与自然同一，就可以获得"天乐"。道家以自然为师友的精神观念，深刻影响了一代代文人的心灵，使他们投向大自然的怀抱，去与自然万物沟通对话，创作出不少讴歌自然的好作品，从而大大拓展了道家生态伦理思想的影响。

三

值得庆幸的是，道教的这些生态伦理思想被以宗教戒律的方式规范和保护起来，并作为制定戒律的主要思想依据，始终在人们的生命实践中发挥着作用。

道教的生态伦理思想从以生命为中心出发，提出"好生恶杀"等一系列生态伦理规范，并以因果报应作为道教生态伦理的惩罚机制作为落实这一规范的基本保证。于是，道教保护自然生态环境和生命的"护生戒杀"等神圣律令相继产生了，在悠长的历史进程中发挥了有效阻止世人破坏自然行为的作用。

《老君说一百八十戒》是道教早期形成的一部完整戒律，其中有众多旨在保护自然环境和爱惜动植物的条款。如"第十四戒者，不得烧野田山林；……第三十六戒者，不得以毒药投渊池及江海中；……第四十七戒者，不得妄凿地，毁山川；……第九十七戒者，不得妄上树，探巢破卵；……"。

禁止打猎，也是道教戒杀、护生的内容，打猎行为是戒律明确反对和禁止的条款。《老君说一百八十戒》曰："第七十九戒者，不得渔猎杀伤众生；……第一百七十二戒者，人为己杀鸟兽鱼等皆不得食。"《太上太玄女青三元品诫拔罪妙经》把以下渔猎行为视为罪过："或弹射野兽飞禽及诸走兽之罪；或烧山捕猎，杀戮一切含生之罪。"

道教早期戒律中那些具有生态内涵的精神一直被传承着，并体现在新的戒律中。在《太上经戒》、《洲国品》、《中极戒》等道教律书中，戒杀、护生的要求愈加严厉起来。

四

　　道教、道家思想不仅摸索出了一套日渐成熟的生态伦理理想，还努力将其付诸于实践，创造出人与自然和谐相处的诸多典型环境、典型场景和典范人物，

　　主要体现在道教对"洞天福地"的开辟、建立和维护上。"洞天福地"是道人的山居修道之地。自汉代张陵创教以后，道教在崇山峻岭中陆续辟建有"十大洞天"、"三十六小洞天"、"七十二福地"、"十洲三岛"等道家处所，至今仍保存有 20 多座道教名山，30 多座庙宇宫观等诸多风景名胜之地。这些"洞天福地"大多建在青山峻岭，山清水秀之地，同时，道士们又付出了诸多的人文保护行动，致使一些著名道观周围更加草木丰茂。从此意义上讲，这些"洞天福地"起到的就是当今自然保护区的作用，而那些道士就是保护区合格的守护者和管理者。

　　道教、道家思想的生态伦理性，这种极具旺盛生命力和现实意义的生态伦理形态，犹如不落的星辰，会永远光耀天下。

生态文明的追问

海军兵种指挥学院政工系　郭继民

老子在《道德经》第二章曾有"天下皆知美之为美，斯恶已"之言，意在说明事物对立性的存在方式。笔者拟借用老子之语，说明生态文明理念之缘起——正是因为当下人类面临诸如能源短缺、土壤退化、河流干涸、环境污染、物种锐减等诸多严重的生态问题，才有生态文明理念之提出。

那么，导致生态问题的根源何在？答曰，在于人类所持有的绝对中心主义立场。人类中心主义认为，自然界的一切皆天经地义为人类所用，人与自然的关系乃是利用与索取、对抗与斗争的二元对立关系。凡能满足人自身的需求，则无所不用其极。若人人照此绝对自我的逻辑行事，伤害的不仅是自然生态，亦往往因欲望的满足、利益的争夺而引起冲突、引发战争，并最终导致价值体系的总体坍塌。因此，在这个意义上，只要人类中心主义的观念存在，只要人与自然的对立、对抗关系不能根除，那么生态问题以及由此引起的各种社会问题亦将或隐或显地陪伴着人类。

客观地讲，当下不少人对生态文明理念的理解未必准确，甚至存在着误解的可能。如有人把可持续发展仅仅理解为人类自身的可持续发展，实际上仍然把人放在中心位置。可持续发展核心理念应是聚焦于人与自然共属一体的存在与发展。此理念根基于人与自然共生一体的生命本体论立场，它所追求的宗旨是人与自然的和谐与共生。倘若人们对可持续发展的解读缺乏了对自然的关爱，那么这种生态理念本身就是不可持续的。

那么如何才能真正破除人类中心主义立场呢？按法国生态伦理学家阿尔贝特·施韦泽的说法，乃是倡导并践行敬畏生命的理念。敬畏生命理念的核心，就是让有思想的人体验到必须像敬畏自己的生命意志一样敬畏所有的生命意志，即要让所有的生命得到尊重。敬畏生命说到底就是爱、奉献、同情，就是要祛恶扬善。施韦泽对于善、恶是这样理解的："善是保存生命、促进生命，使可发展的生命实现其最高价值。恶则是毁坏生命、伤害生命，压制生命的发展。这才是必然的、普遍的、绝对的伦理原理。生命不可复制、不可还原，任何物种的消失在终极意义上也意味着自然的残缺和人性的缺失。因为在这个世界中，只有具有意志、意识与理性的人，才可以充当自然的保护者、文化的创造者和生命的守护者，也才能真正做到敬畏生命。

施韦泽敬畏生命的自然伦理固然是一种高尚的生命伦理，自有其学术价值。不过，笔者尝将其称为"境界伦理"（或理想伦理），之所以如此，在于笔者对其实现的可能性持质疑态度。因为并非每个人能都能达到施韦泽的境界，更不可能全部成为素食主义者。倘若不是素食主义，就势必涉及如何对待动物生命的伦理难题。又比如，在人与动物的生死搏斗中，是保全人还是保全动物？类似的伦理困境还有许多，此不赘言。这样看来，若将敬畏生命的理念贯彻到底，无论在理论还是在实践上都存在着诸多伦理难题。当然，这仍无损敬畏生命这一哲学理念的积极意义。

其实，中国古典哲学思想蕴藏着极为丰富的生态文明思想，譬如儒家的天人合一、道家的道法自然、佛家的众生平等思想，这些对人类应对生态危机皆具有重要的启迪意义。相比之下，笔者以为

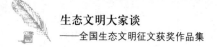

儒家"仁"的思想与当今践行的生态文明理念更具有契合性。

儒家本质上亦属于人类中心主义——一种有限度的人类中心主义。儒家的有限人类中心主义亦不乏敬畏生命的思想,如《易经·系辞》"天之大德曰生"的论述,彰显了对生命的尊重。不过,同施韦泽不同的是,儒家敬畏生命并非一开始就将人同动物拉平,而是以仁的思想,通过推己及人、推己及物的"爱的同心圆"的方式,把仁爱依次延伸并渐次流向自然界:儒家首先爱父母、其次爱兄弟、爱友人,再次爱他人,最终爱自然中的一切生命。这种理念在《中庸》中有明确的表达:"惟天下之至诚,为能尽其性;能尽其性,则能尽人之性;能尽人之性,则能尽物之性;能尽物之性,则可以赞天地之化育;可以赞天地之化育,则可以与天地参矣。"人通以"诚"(仁)待人,进而以"诚"待物,最后还要参于化育生命的进程之中,而终至完成一幅"鸢飞戾天,鱼跃于渊"人与自然和谐相处的画面。应该说,儒家从人之自然本性出发的生态观既兼顾了墨家"兼爱"(墨家的兼爱同施韦泽更为相似)所造成的伦理难题,又规避了道家倡导"人同物浑然中处"可能导致"人类的自我"矮化的困境,且又有其实现的可能性,可谓较完满地解决了人与自然和谐相处的问题。

在生态危机日益凸显的今天,我们追问生态文明的内涵,提倡敬畏生命的伦理观,当然不仅仅在于理解一个学术理念、或提出一种学术观点,而更在于汲取古今中外的生态智慧,并将这种智慧转化为一种价值信念。敬畏生命、善待生命;敬畏大自然,善待大自然。选择一种健康、环保、简单的生活方式,真正把生态文明的理念落到实处。

荒漠村嬗变成市级生态旅游名村

湖北省郧县谭家湾镇中心小学　　陈龙才

　　当年伍子胥屯兵于麇国（现在的十堰市郧县）后见汉江河流域土地肥沃，但缺水灌溉，老百姓贫穷，伍子胥就带领家乡老百姓在家乡修了一个堰，家乡人就叫伍子胥堰。伍子胥堰灌溉了汉江河流域万亩良田，麇国成为天府之国。1957年，国家在我的家乡修了一座水库，即伍子胥湖。

　　伍子胥湖的湖水真清啊，清得倒影着蓝天白云，家乡的姑娘经常把湖水当镜子对着镜子洗头；伍子胥湖水真绿啊，相传是王母娘娘的翡翠宝镜掉到了家乡形成了一条小河；伍子胥湖水真静啊，静得使你感觉不到她的流动。荡舟湖中一缕缕清风掠过身边顿时神清气爽，心旷神怡呀！喝一口湖水甘甜醇香，十分惬意。每逢节假日，湖的两岸一个个像木梳齿一样排列的垂钓者撑起的花伞，五彩缤纷。

　　伍子胥两岸的山真秀啊，山上长着桐子树、松树、柏树，夹杂着各种树，远望一碧千里并不茫茫，青中带淡灰色，近看翠色欲流，如果你是春天来到伍子胥湖，湖边人家周围的樱桃树花、桐子树花、桃子树花、橘子树花、栗子树花、梅子树花，是花的海洋，你走进了五彩缤纷的花画中；伍子胥湖的山真奇啊，有的像鸭子的喙扎在湖中饮水，使湖水成了"几"字，有的像南国少女的乳头，高高挺立在湖的两岸；伍子胥湖的山真险啊，有的像斧子劈的90度的面，有一个山的断面是青石，青石面上有一个石英砂石（家乡人称白果石）

自然形成的一条白龙伸展四爪从湖水中向空中跃起的画面，有的山像鹰钩鼻子，看到使人心惊胆战。

这样的水围绕着这样的山，这样的山怀里抱着这样的水，构成了一幅美丽的山水画，人来到这里就走进了一幅连绵不断的画卷之中。

这里有二十几家农家乐，其中有 4 家被十堰市旅游局授予市级"生态文明农家乐"称号，有 6 家被县旅游局授予"十星生态农家乐"称号。家乡人均年收入在 28 000 元以上，是全省闻名的生态小康村。

这样一个富裕的生态小康村在 20 世纪是一个出了名的荒漠村。20 世纪 60 年代这里有一个村支部书记，借大炼钢铁的"东风"，号召全村人修了 2 个炼铁炉，让老百姓上山砍树炼铁，连手指粗的树都砍掉塞进了炼铁炉里，村里几大片树林被毁于一旦，满山的树木变成了光秃秃的石头。

到了 70 年代，家乡人开展了大规模的农业学大寨运动，大寨人三战狼窝掌的精神促使家乡人起早贪黑地奋战在开荒造地之中。树林被开垦成带状地种粮，草坡地被开垦成种粮地。

人要吃粮开荒种地，人要烧柴把树草掠尽，牛要吃草拼命吃草，羊要吃草连草根、树皮都不放过，家乡难看到青山了。

山上没有树草，一下大雨，大雨把泥沙冲走，大黑石露出了狰狞的面目，土层越来越薄，农作物收入越来越差，老百姓越来越穷。

雨水失去涵养层，过去的沁水泉干枯了，过去山涧的涧水也断流了，野兔、野黄羊等野生动物没有了栖身之地，它们在家乡消失了。

春天，一阵风刮来，风携带着沙子，携带着牛粪、羊粪，风携带着枯枝败叶漫天飞舞，不得不出门的人逆着风行走，一会儿头上一层厚厚的灰尘，沙子吹进人的眼中，磨得十分难受，眼泪往外流。脸上出现道道小泥沟，一会儿脸变成唱京剧的大花脸。

土地沙漠化越来越严重，土地沙漠化弄得老百姓十分贫穷。到了70年代末，90%的农户还住茅草房，吃了上顿没下顿，穷得叮当响，本村的姑娘想嫁出去，外面的姑娘直摇头。

　　现在，国家实行退耕还林的惠民政策，家乡人植树造林的积极性空前高涨，在山顶上栽松树、柏树，在山腰中间栽了栗子树，在栗子树下面栽梅子树，在梅子树下面栽桃子树、葡萄树、橘子树、樱桃树、核桃树等，一年四季水果不断，家乡变成果园村。家乡有一个伍子胥湖，吸引了十堰市、郧县城的人络绎不绝来游山玩水，来垂钓，来湖上荡舟，尽情地享受青山绿水的魅力。旅游的人多了，家乡80%的农户建起了农家乐，家乡变成了十堰市生态旅游村，生态旅游村给家乡人带来财源滚滚。本村姑娘千方百计地想嫁给当地小伙子，如果本村没有合适的，就在外地招一个做上门女婿。外地姑娘来到这里一看就是男方有一点不如意，也被这里的富裕所吸引，委曲求全嫁给这里的小伙子。

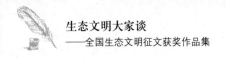
对军队生态文明建设的思考

南京海军指挥学院　汪丽

生态文明建设是党中央在科学发展观指导下提出的一个重大战略思想，也是当前积极面对全球生态环境恶化、落实可持续发展战略的重大课题。人民军队作为为战争和实施战争而建立的武装组织，它所要承载的生态文明建设不能仅仅停留在保护和改善生态环境、支援驻地生态环境建设以及应对突发自然灾害的抢险救灾上，更重要的是在军队建设理念、武器装备发展以及控制战争对生态环境的破坏上下功夫。众所周知，战争对生态环境的破坏是巨大的，甚至已经发展到了能在瞬间毁灭地球的地步，可以将我们投入在生态环境建设上几十年的努力毁于一旦。面对如此危险的生态环境威胁，我们是否应该把更多的目光聚焦在军队的生态文明建设上来？

树立绿色环保理念

在全社会都在为建设资源节约型、环境友好型社会而努力的今天，军队作为社会的重要组成部分，其自身建设也要树立绿色环保理念。这一理念要渗透到军队建设的方方面面，尤其要与当前军队信息化建设相融合，甚至成为建设信息化军队必须遵循的基本原则。这不仅是应对当前生态环境恶化的必然要求，更是推动军队建设又好又快发展的必然趋势。

当前，军队从机械化半机械化到信息化建设的转型，要求必须由数量规模型向质量效能型、人力密集型向科技密集型转变，而这种发展方式的变革恰恰与生态文明建设所提倡的节约、低碳、环保等发展理念不谋而合。可以说，军队的信息化建设本身就是一次轰轰烈烈的生态文明建设。海湾战争中，美军共使用了25万多枚弹药，而在伊拉克战争中，对付同样的对手，美军只使用了2.9万枚弹药。原因就在于，后者基于信息系统的精确制导武器占68%，而前者只有8%。由此可见，由"芯片"代替钢铁，走投入少、效益高的军队信息化建设道路，其实也是走一条发展绿色、环保、低碳军队之路。尤其是当前，树立绿色环保理念，不断提高军队建设的质量和效益，更是顺应当前生态文明建设要求和适应未来高技术、高强度战争的必然选择。

推动军队绿色革命

军队绿色革命，是指军队贯彻绿色环保理念，使军事行动对自然环境和人均不产生或者少产生负面影响，从而不破坏生态平衡、有利于环保的一场变革。这也是当前军队在信息化建设基础上为保护生态环境进行的更深层次的变革，主要表现在遵从物质减量化、发展清洁化的原则，对军队体制编制、军事训练、后勤保障、装备保障、国防科技等方面进行重新思考和谋划，把节能减排纳入军队发展规划，重点减少油料、燃煤等消耗，广泛运用低碳技术和产品。比如，美军实施绿色采购战略，强调采购项目必须符合节能环保标准，并将这一标准置于首要考虑因素。英国航空航天系统公司（BAE）社会公益负责人艾伦表示，为武器研制制定环保标准看起来好像很奇怪，但是考虑到武器的环保影响，这一举措还是很重要的。BAE目前正致力于研制新一代绿色武器，主要包括少毒素武器，可制造肥料的炸药、可降低噪声污染的安静弹头以及释放更少烟雾的手雷

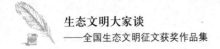

等。此外，电驱动战车、太阳能无人机的前途也被看好。

实际上，军队绿色革命不仅是保护生态环境的需要，更是适应战场需求、提高战斗力的必然选择。比如，太阳能面板、风力涡轮机等新型动力设备的使用不仅能够缓解战场液体燃料供应的不足，同时还能缩减军费开支。此外，节能也能直接提高战斗力。例如，美空军正在研发的一体化高性能涡轮发动机技术，具有很强的节能效果。据 B-52H 轰炸机的测试结果显示，配备这种新型发动机的轰炸机比原先的型号节约 33% 的航油，在不进行空中加油的情况下，其最大航程从 1.5 万公里扩大到了 2.3 万公里。

打赢下一场生态战争

传统观念认为，战争是破坏的主要力量，它的存在必定会消耗大量的物质、能源、信息与人力等资源，必然是反生态的。然而，随着科技的发展以及人们对生态环境恶化的深度反思，人们可以用一种全新的视角审视战争与生态的关系。当战争不可避免，我们是否可以形成能够全面控制破坏生态环境的生态战争这样的绿色作战样式呢？这种生态战争介于战争发生的必然性与生态环境保护的紧迫性之间，它污染少、杀伤力小、破坏性弱却能以绝对优势取胜，以便减小资源消耗、降低环境影响等。对于以"铁与火"为特征的传统战争样式而言，这种生态战争是着眼于未来的一种全新的作战样式，完全跳出了那种大量杀伤对方人员、彻底摧毁对方武器装备才能取得战争胜利的陈旧模式。

目前，方兴未艾的信息化战争也呈现出了这样的趋势，比如，通过计算机病毒使对方作战系统失灵，逐步摧毁对方意志，迫使其放弃抵抗等。但是，这只是信息化战争的部分特征，目前世界范围内所发生的信息化战争中，包括使用精确制导武器的最终军事目的还是以硬杀伤为主要特征。而理想中的生态战争是一种完全意义上的软杀伤，比如，使用一招制胜的非致命性武器，不诉诸武力的思维战、心理战等。当然，这也只是在当前有限条件下所能预见到的生态战争的雏形。随着未来科技的发展，必然会引发战争观念与作战样式的新嬗变，而生态战争应该是未来生态文明社会战争发展的必然趋势。当前，谁能始终秉持绿色环保理念，抢占建设生态军队、提高生态战斗力的先机，谁就能掌握未来的"制生态权"，打赢下一场生态战争。

"反弹琵琶"

——西北地区生态文明建设的科学创举

甘肃政法学院　王汝发

2013 年 4 月 15 日，是胡耀邦同志逝世 24 周年纪念日。今天回过头来看胡耀邦对西北地区生态建设提出的一些论述、做法，对当前我国生态文明建设仍有一定的借鉴和指导意义。从 1956 年开始胡耀邦同志就发出倡议，绿化甘肃，防治沙尘暴。当时胡耀邦同志在大会上作了题为《青年们！把绿化祖国的任务担当起来》的报告，在全国掀起了植树造林的新高潮，特别是西北地区种草种树形成了千军万马的群众运动。胡耀邦同志在报告中强调了种草种树伟大而深远的意义。他认为我国植被少、森林覆盖率低，最根本的原因是人为大规模的破坏。胡耀邦同志按生态平衡规律办事，保持人与自然之间和谐发展，推动西北地区生态建设一场深刻的革命。

绿色植物构成了我国主要的绿色生态屏障，起着抵抗恶劣气候和自然灾害的作用。近几十年来，在巨大的人口压力下，西北地区农垦早已越过森林草原带，进入干旱草原区。由于缺乏适当的物质和技术投入，70% 以上的半干旱区草原植被和干旱区的荒漠植被，几乎全部荒漠化或形成荒漠，造成草地自然生态失调，引起沙漠扩大、水土流失、湖泊干涸，严重影响西北地区社会经济的发展。胡耀邦同志对此心急如焚，1983 年 7 月，在有关领导同志陪同下，先后到甘肃很多地区考察，听取汇报，在甘肃省的机关干部大会上作重要讲话，并挥毫题词：种树种草，发展牧业是改变甘肃面貌的根本大计，集中体现了胡耀邦同志解决甘肃以及西北地区农业生态问题的科学指导思想。

胡耀邦同志关于西北地区植树造林的一系列论述，反映了他深刻的生态思想，集中体现在以下几点：

"反弹琵琶"是因地制宜的生态思想的体现。胡耀邦同志在视察甘肃省时说："这些天，我们着重商量了一个问题，这是一个大问题，是一个战略问题。一个什么问题呢？就是甘肃省委提出的治穷致富的问题。治穷致富的关键在哪里？我们共同商量的结果是：一个要种草，一个要种树，叫作种草种树，治穷致富。我们共同得出一个结论：你们应该经过多少年的努力，把甘肃变成一个全国第一流的农业基地和牧业基地。前天晚上我们看了你们一个舞蹈，叫'反弹琵琶'。什么叫'反弹琵琶'？就是把调子变过来，不能总是老办法弹。现在不弹粮食，要弹种草、弹种树、弹林业、弹牧业。""反弹琵琶"深刻地反映了胡耀邦同志一切从实际出发，因地制宜的思想。

"反弹琵琶"是农业结构调整的科学思想的具体运用。种草种树可建立稳固的植被，减少水土流失，同时还能发展绿色农业。胡耀邦同志的生态思想带来了甘肃省乃至西北地区农业指导思想上的大解放，是农业战略方针的大转移，也是农村经济结构和生产布局上的大调整、大改革。只有对农业结构进行调整，发展草地农业系统，才能遏制生态系统恶化趋势。从前些年实践看，封山育林（草），退牧育草，投入少，易起步，生态效果十分明显。

"反弹琵琶"是可持续发展思想的具体反映。可持续发展是指既满足现代人的需求，又不损害后代人满足需求。换句话说，就是经济、社会、资源和环境保护协调发展，既要达到发展经济的目的，

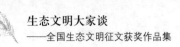

又要保护好人类赖以生存的大气、淡水、海洋、土地和森林等自然资源和环境。生态持续优化是经济持续发展的前提和条件，孤立地追求经济增长必然导致生态环境的衰退，多年的实践充分证明，胡耀邦同志提出的"种草种树"是西北地区一场绿色革命，是自然辩证法理论在生态建设中的成功应用，给西北地区特别是甘肃人民带来了实惠和福泽。中国有句古话，前人栽树，后人乘凉。我们的发展就是要为子孙后代更好地生活做准备。过去多年来，西部地区不少人只知道向大自然无休止地索取，大片的植被剥夺得精光，这种用牺牲生态环境换取经济利益的行为是可持续发展的大敌。要改变甘肃贫穷、荒凉、落后的面貌，就必须辩证地扬弃人类中心主义的合理性和局限性，超越传统主客体简单僵化的分离状态，在人类生存发展与生态环境公平、有序结合的实践基础上，在经济社会发展与生态环境改善中，实现可持续发展。

对推进生态文明建设的几点思考

河南省栾川县环境保护局　石常献

从党的十七大首次把建设生态文明作为实现全面建设小康社会奋斗目标的新要求之一昭告全党，到 2013 年"两会"把生态文明建设作为"五大建设"之一写入政府工作报告，已将近 5 年。这 5 年是社会大变革、经济大调整、民生大改善的 5 年，也是生态文明理念深入人心的 5 年。生态文明如何从理论到实践，由愿望变为现实，需要从多个层面发力。

一、构建共建共享的生态文明建设体系

生态文明首先是一种社会文明，需要全社会的参与。而问题是对生态文明的认识还停留在奔走呼吁的阶段。一方面，人们对生态文明非常向往，想急于分享生态文明成果；另一方面，大多数公民没有行动上的自觉，缺乏敬畏自然，保护环境的生态道德。因此建设生态文明，核心是通过持续有效的宣传和必要的制度约束，构建共建共享的生态文明体系，使公民真正理解生态文明建设的核心、要求、方法，积极参与到生态文明建设的伟大进程之中。使各级领导者真正转变思路，以生态文明的理念、标准校正、约束自己的决策维度和领导行为。

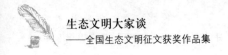

二、持续提升发展的质量和效益

建设生态文明不是停止发展、反对发展，在自然面前无所作为，而是尊重自然及社会发展规律，实现更好质量、更大效益、更高层次的发展。这要求我们，在优化产业结构、转变发展方式、提升发展质量、分配发展成果等方面有所作为。当前和今后一个时期，必须毫不动摇地贯彻实施科学发展观，在关注世情、正视国情、把握各地区域环境承载力的前提下，综合考虑当代人和后代人的需求，着力实现绿色发展、循环发展、低碳发展、创新发展。

三、着力实现生活方式转型

以往的文明形式注重发展方式的变革，对生活方式未引起高度关注，建设生态文明必须把生活方式的转型放在同等重要的位置。因为生态的影响、资源的消耗既产生于生产环节，也产生于生活过程，甚至生活环节尤为严重。要逐步引导公众自觉养成绿色消费、敬畏生命的良好习惯，从衣、食、住、行、娱的每个环节贯穿生态文明理念。

四、建设科学决策考评体系

任何一项事业都涉及决策问题，但生态文明建设对决策与考评体系有更强的依赖性。因为生态文明渗透于政治、经济、文化、社会诸方面，涉及资源、环境这些人类生存的基本要素，协调的是人与自然、人与人、人与社会的复杂关系。因此，科学、远见的决策从正向保证我们的行为符合自然规律，符合人民意愿，实现经济、环境、社会效益的统一。要注重生态文明建设具体工作决策的科学化，追求政治、经济、文化、社会建设与生态文明建设的融合、衔接。

五、不断提升环保事业水平

生态文明建设是全社会的事情，但环保部门注定是生态文明建设的主阵地。因此，不断提升环保事业水平，是生态文明建设的客观要求。一是从国家发展战略层面解决环境问题，完善并落实好有利于环境保护的价格、财政、税收、金融、土地等方面的经济政策体系。二是各级政府要真正把环保工作纳入科学发展和改善民生的全局统筹谋划，把环保部门作为宏观管理和综合决策的部门，使其真正依法履行职责。三是环保部门要勇于担当，敢于碰硬，着力提升装备、队伍等环保能力建设，持续提升环境质量。四是大力实施科技创新，着力发展环保战略新兴产业。五是高度警惕、密切关注生态环境安全，包括生物物种安全和环境质量安全。六是最大限度地关注、解决群众的环境诉求，实现环境权益公平。

六、处理好几方面重大关系

建设生态文明将贯穿于中国特色社会主义建设和中华民族振兴的全过程，无动于衷、急功近利、顾此失彼都是十分有害的。为此，必须处理好5方面关系：一是生态文明建设与"四大建设"的关系。经济、政治、文化、社会、生态文明"五大建设"构成中国特色社会主义大厦的五根巨柱，五大建设各有侧重，相互联系，浑然一体。一方面，在经济、政治、文化、社会建设中要融入生态文明建设的理念、原则和目标；另一方面，要在全面推进生态文明建设的伟大进程中，为加强经济、政治、文化、社会建设提供思路、借鉴和动力。二是国家战略与地方政策的关系。生态文明建设是中国特色社会主义全局的重要组成部分，是国家宏观战略的重要内容，但国家战略依赖地方政策和执行力的保障。加快推进生态文明建设，地方政府

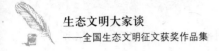
必须尽快提振精神，全力推进。三是政府强制与公民自觉的关系。
建设生态文明，涉及发展方式和生活方式的深刻变革。各级地方政
府必须以科学发展为主题，以加快转变经济方式为主线，出台、完
善、创新相关法规政策体系。要通过教育，渗透、引导、激励等措施，
提高公众践行生态文明理念的自觉性。四是处理好典型引路与全面
推进的关系。近年来，在生态文明建设方面，国家采取了重点扶持、
示范带动的形式，通过生态示范区建设、生态文明试点县建设等形
式开展试点工作，效果明显。有些地方结合实际，先行先试，积累
了一定经验，但仅有局部的数花开放，形不成生态文明的祖国花园。
要在此基础上认真总结经验，逐步在全国推进。五是政府投入与民
间筹资的关系。建设生态文明，离不开政府财政的合理分配和投入。
实施科技创新，发展新型产业、优化经济结构、进行生态修复等方
面要发挥财政投入的主渠道作用。在生活方式变革方面，要鼓励民
间资本的注入，引入市场化运作模式，弥补政府财力不足，加快生
态文明建设步伐。

九曲河随想

江西省赣州市人民医院　郭小平

　　因服务基层工作的缘故，我来到了定南，走近了九曲河。

　　原本我就对河流情有独钟。河流的特质和意象，总是给我以精神的抚慰和悠远的诗情。邂逅九曲河，真的给了我意外的惊喜。

　　据定南旧县志载，赣州九十九条河，只有一条通博罗。这条通广东省博罗县的河就是九曲河。九曲河发源于定南的桐坑河、下历河、老城河等支流，汇合后浩荡南去，流入广东省龙川县，注入贝岭水后叫东江，系东江源头之一，因其河道流经沙罗湾时呈"九"字形，故名九曲河。

　　九曲河是美丽的。一个春天的早晨，我乘竹排在九曲河中游弋，但见碧波荡漾，奇峰异石天光云影皆倒影在河水中，摇曳飘舞，如梦如幻，使人如身临仙境。两岸的青山、翠竹、绿树，掩映着一幢幢漂亮的农家小洋楼，掩映着逶迤层叠的梯田和苗木基地，掩映着九曲度假村浓郁着客家风情的竹楼亭阁。山腰中、竹梢间炊烟袅袅，宛如姑娘玉脖上的纱巾。此情此景，我不禁吟诵起宋朝诗人朱育的诗句："九曲欲穷眼豁然，桑麻雨雾见平川。渔郎更宽桃源路，除是人间别有天。"竹筏，顺九曲河欢快而下。

　　九曲河曾呜咽过。曾经，因为当地政府片面追求 GDP，忽视生态保护，偷采盗采稀土现象一度猖獗，毁坏了农民的绿色家园。原本耸起的山岭被挖成了一个个大坑，裸露的红土在一片青山绿水中

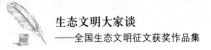

格外刺眼。一些村民院子里的井成为摆设，井水刺鼻的味道迎面扑来，根本不能饮用。九曲河自然也逃脱不了厄运，听村干部讲，稀土开采采用的浸出、酸沉等工序产生的大量废水富含氨氮、重金属等污染物，严重污染水资源。当时，河两岸的水草枯死，水面上有死鱼漂过。我默默地听着，仿佛听到了九曲河在哭泣。

九曲河苏醒了。江西省赣州市委、市政府响亮地提出了"生态为重"的口号，严厉打击私自开采稀土的违法行为，保护生态环境初见成效，赣南大地山更青、水更绿，九曲河恢复了往日的容颜，特别是国务院《关于支持赣南等原中央苏区振兴发展的若干意见》出台后，九曲河迎来了前所未有的机遇。《意见》明确：推动赣州"三南"（全南、龙南、定南）走廊建设加工贸易重点承接地，但严禁高污染产业和落后生产能力转入，并支持东江源头保护，将东江源列为国家生态补偿试点。九曲河，必将焕发出更加迷人的风采。

凝望九曲河，只见她汨汨地流淌着，仿佛在告诉人们：大自然是人类赖以生存的美好家园，只有合理开发自然资源，有效保护生态环境，人与自然才能和谐相处、共生发展。

生态经济四分法

中国移动四川公司　李俊杰

　　生态经济可以从生态与经济两个方面分析，生态与不生态，经济与不经济，于是形成了 4 种组合模式，即不生态不经济、生态不经济、经济不生态、生态经济。不生态不经济，可以理解为生态环境没有保护好，经济发展也没有上来，理论上讲这种情况很少出现。生态不经济，可以理解为生态环境保护到位，可是经济发展没有上来，处于原生态阶段。经济不生态，可以理解为只顾发展经济，不顾环境破坏，与之相伴的思想就是先污染后治理。生态经济，可以理解为既发展经济又注重环境保护，实现二者"双赢"。

　　生态经济是指在生态系统承载能力范围内，运用生态经济学原理和系统工程方法改变生产和消费方式，挖掘一切可以利用的资源潜力，发展一些经济发达、生态高效的产业，建设体制合理、社会和谐的文化以及生态健康、景观适宜的环境。

　　生态经济是生态环境与经济发展的良性互动。保护好自然环境，可以给人们的生产生活提供一片碧水蓝天，人们在舒适的环境中劳动，有利于提升劳动生产率，促进经济发展。反过来，良好的经济发展可以调动更多的人、财、物资源用于生态环境的维系，从而更有利于生态保护，实现生态环境与经济发展的双丰收。

　　生态经济是资源输入与资源输出的动态平衡。生态经济涉及人与自然环境的交换关系。人类要发展就必然要向自然索取资源，但

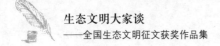
是人类不能一味索取，还需要对自然进行回馈，过度的索取必然遭到大自然的惩罚。人类与自然的交换不可能是绝对均衡的，只能在交换活动中实现动态平衡。

生态经济是物质文明与精神文明的有序链接。生态经济不同于以往的农业经济和工业经济，从理论到实践都是新生事物。社会主义现代化建设提出要坚持两手抓，一手抓物质文明，一手抓精神文明。生态经济是物质文明发展到一定阶段的产物，生态环境保护更多体现了人们追求精神上的享受，对回归大自然的向往。

生态经济是自然生态与人类生态的高度统一。自然界有其自身的运行法则与规律，人类活动会对自然造成影响。只要这种影响在自然生态的阈值之内，自然就不会产生过激反应。人类社会也有自身的规律，是一个从低级到高级、从简单到复杂、从无序到有序的过程。生态经济横贯自然生态与人类生态，将人类活动融入大自然运作，要求人类遵从而不违背自然规律。

通过四分法厘清对生态经济的认识，明确社会主义现代化建设绝不能走先污染后治理的道路。由于全球产业布局以及产业转移，中国不可能全部发展科技含量高、环境污染少、经济附加值好的产业，在经济发展中环境污染不可避免。但在未来发展中，要既满足人民群众日益增长的物质文化需求，又保护好生态环境；既满足当代人的需求，又满足下代人的需求，实现代际公平。

自然保护区要建更要管

江西省赣州市人民政府办公厅　曾为东

作为生态文明建设的自然载体，自然保护区在保证生物遗传资源、生态系统服务功能和景观资源的可持续利用方面发挥着重要作用。然而，随着经济的快速发展，涉及自然保护区的经济开发活动日益增多，自然保护区生态安全正面临着严重威胁。加强自然保护区管理，对保障经济快速发展下的生态安全具有重要意义，也是生态文明建设的题中之义。因工作需要，笔者曾参加过全省自然保护区专项执法检查，发现自然保护区建设管理工作中普遍存在着认识不清楚、机构不健全、经费无保障、科研与检测工作薄弱、开发与保护矛盾突出等问题，极不利于自然保护区的长远发展，必须采取措施加以解决。

笔者认为，当前，自然保护区生态安全问题主要表现为显性的威胁和潜在的隐患2种。显性的威胁表现为开发与保护的矛盾非常突出。尤其是与其他功能区如风景名胜区、森林公园等存在区域重叠、权属不清的自然保护区，保护的难度越来越大。地方政府及有关部门出于经济利益的考量，往往不顾自然保护区条例的规定而擅自行事，如未经批准擅自在自然保护区核心区建造别墅用于旅游接待，旅游开发不断向自然保护区核心部位延伸等，对保护区生态安全构成直接威胁。

潜在的隐患首先表现为认识不清和管理缺位。部分基层环保部门不清楚自己对自然保护区负有监管职责，相关自然保护区的主管部门则认为自然保护区是自己的地盘，环保部门不应插手，因而出现了管理中不积极主动、不支持配合的现象。其次表现为机构不健全。除国家级自然保护区和个别省级自然保护区设有专门的管理机构和配有专业人员外，其余均没有设立专门的管理机构和配备专业技术人员，导致自然保护区建设管理工作往往坐不上"正席"。再次是经费无保障。目前省级以下的自然保护区发展规划未能列入各级政府的国民经济和社会发展规划，所需经费更未列入财政预算，资金投入严重不足，导致保护区批而不建、建而不管、管而不力的问题比较普遍，生态安全无从谈起。

要在经济快速发展的同时保障生态安全，必须加强自然保护区的管理工作。今后，各级环保部门要以宣传来提升认识，林业、农业部门也要履行自然保护区建设管理责任。

要以保护来打牢基础。自然保护区重在保护，只有将具有典型性、代表性的自然生态系统、珍稀濒危野生动植物物种或有特殊意义的自然遗迹等对象保护好了，自然保护区的特殊生态功能作用才能得到发挥。

要以开发来增强后劲。正确处理开发与保护的关系，充分利用保护区的资源优势，进行合理开发，适度经营，把生态保护与当地居民脱贫结合起来，实现生态资源持续发展。

要以监管来促进建管。各级环境保护行政主管部门应认真履行综合管理、监督检查的职责，对违反自然保护区条例的行为加以严肃处理，有效保障自然保护区生态安全。

要以投入来引导管护。客观地说，自然保护区的设立一定程度上对所在地的经济开发建设有所制约，而保护区设立体现出的效益具有社会公共性。因此，各级政府尤其是省级政府应将自然保护区发展纳入国民经济和社会发展规划，引导基层政府加大对保护区的资金投入，促进自然保护区可持续发展。

让乡村映入环保的眼帘

江苏师范大学传媒影视学院新世纪限塑同盟　龙馨泽

　　曾经听过一场辩论，辩论的主题是"住乡村好还是住城市好"，主张居住在乡村的一方提出的一个理由是：乡村环境好，住在乡村能使人延年益寿。但此后对方的一句反驳立刻让这位抛出论据的老兄哑口无言——"你知不知道现在的高污染企业全都在往乡下搬？"

　　我住在南京城区，住房靠近中山陵，周围环境非常好。小区内草木繁茂，家门口马路两旁的行道树四季常青，四周还有不少市民广场与免收门票的公园。

　　但住在老家龙潭镇的祖母的境遇就没有这么好了。祖母居住的地方有一个奇异的名字——水泥厂。之所以被如此称呼是因为紧挨着祖母的居住地，有一座规模巨大的水泥厂。

　　龙潭镇是地处南京边缘的郊区，距主城区仅 30 里之遥，可这里的情景与城区相比就好似两个世界。水泥厂的周围没有什么草木，据老人们说树木都被水泥灰给呛死了。绿油油的大山因为水泥厂放炮开山攫取生产原料，早已被剃成了光头。厂区的烟囱不断排放未经处理的废气，家乡的天空早已不见蓝色。

　　其实在水泥厂迁厂前镇政府与厂方是有协议的：把厂迁过来可以，但一是要解决当地居民的就业问题，二是要保证不能破坏当地环境。炸开的山要恢复植被、死掉的树要换个地点照数全部补种、废气废水要全部经过处理才能排放。可几十年过去了，天空依旧是黑色的、河流依旧是墨绿色的、乡野依旧是荒芜的。

祖父在 5 年前去世了，原因是肺癌。祖父生前就是水泥厂扛水泥包的工人，医生说他的胸腔里沉积了太多颗粒，这很可能就是患癌的原因。祖父就是被这份工作害死的！

在人们的传统印象里，乡村总是以简洁、明快与诗意的田园形象出现，而城市则是污染、破坏与贪婪的代名词。如今时过境迁，时代的天平正在向一端倾斜，它不断把给环境以负面影响的产品推向广袤的农村。

这是不公平的，城市正在变得更加美好，而乡村却连原属于自己的美好的环境也失去了。让少部分市民享受改善后的环境，却让广大的农民消化城市化进程中产生的废渣。如今的乡村不仅要为城市提供农、牧、林业等自然产业出产的产品，甚至被要求提供廉价的工业品或经过初级加工的半成品以谋取自身低层次的发展。从本质上说，城市对乡村的剥削与对乡村环境无条件透支的程度大大加深了。终有一天，乡村会成为城市的廉价商品的生产工厂，农民们在得到微薄的收入的同时也对自身生活的环境造成了大面积的破坏。

如果需要自上而下地寻找原因，那我们可以将视线转向政府官员们的主要政绩考核指标——GDP 上。处于当前发展阶段的中国经济，面对着产业升级乏力与技术力量后劲不足的障碍，而值得国人骄傲的制造业又面临着对外贸易困难、国内缺乏消费能力与产值低下的威胁。在此种情况下，追求政绩的官员们自然会将目光转移到重工业上，因为重工业不仅能够极大改善地方政府的税收情况，还能解决当地人民的就业问题，绝对是能够对当地经济发展作出卓越贡献的支柱力量。但诸如化工、钢铁此类的重工业对环境造成污染的可能性是非常大的，于是污染哪里便成为城府官员在引入重工业之前必须考虑的问题。城市人口众多，又是国家环保部门重点检查的对象，在城市中开设高污染的企业显然是不合适的。农村人口密度较小，也不太引人耳目。于是各类高污染的企业便在乡村站稳了脚跟。如此一来，官员们既完成了经济发展指标，又保住了门面、做足了形象工程。此举两全其美，何乐不为？

这是对未来的透支。城市化的浪潮正如狂风骤雨一般席卷着整个中国，今天的乡村很可能就是未来的城市，官员任期一满便可走马到别处上任，但谁来对未来负责？谁来对百姓以及他们的后代负责？

记得一位在云南工作的记者和我说过："知道为什么西南的洪涝、旱灾、泥石流这么多吗？你去数数那里的山上还有几棵树就知道了！"

请不要继续透支乡村的环境成本，请保护大山的翠绿与河水的清澈，请将环保理论引入到乡村中来，那样我们才有资格说自己是真正注意到了身边环境所正在发生的一切，而不是以整洁的市容自欺欺人。

十年生态文明建设成效暨党的
十八大之后的发展前瞻

四川省广元市人大办公厅　翟峰

党的十六大以科学发展观为指导，形成了建设生态文明的战略思想。党的十七大，党中央进一步把建设生态文明列入全面建设小康社会奋斗目标的新要求，并作出专门战略部署。为此，我国十年来的生态文明建设，在党的十六大和十七大精神指引下，取得了令人瞩目的成就。生态环境建设得到明显加强，生态环境质量亦得到明显改善。为此，我们完全可以这样说：过去十年，特别是党的十七大以来，我国生态文明观念已在全社会牢固树立，为党的十八大之后我国生态文明建设奠定了牢靠的坚实基础。

以我这样一个长期在基层工作的同志的观察和归纳，我认为我国生态文明建设经过十年的艰辛努力，至少取得了如下 3 大明显的战略成效：一是党的十六大后，我国进行了生态省、生态市、生态县建设，党的十七大把建设生态文明确立为中国特色社会主义事业建设的重要战略任务。二是党的十七大后，生态文明建设进一步上升为政府的施政纲领和国家的发展理念，国家不仅在中部设立了资源节约型、环境友好型社会建设的全国性综合配套改革试验区，还把生态文明建设提升到了与经济建设、政治建设、社会建设、文化建设并列的战略高度，从而形成了中国特色社会主义事业"五位一体"

的总体格局。三是党领导制定的"十二五"规划纲要明确把绿色发展，建设资源节约型、环境友好型社会和提高生态文明水平作为我国"十二五"时期的重要战略任务。

正是由于上述三大明显战略成效的支撑，我国十年生态文明建设出现喜人局面。"十一五"期间，单位国内生产总值能耗下降了19.1%、二氧化碳排放累计减少14.6亿吨、二氧化硫排放量减少14.29%、化学需氧量排放量减少12.45%，而且以能源消费年均6.6%的增长幅度，成功支撑了国民经济年均11.2%的增速，使能源消费弹性系数由"十五"时期的1.04下降到了如今的0.59。

虽然我国生态文明建设取得明显成效，然而当我们静心沉思即会发现，我国目前在生态文明建设方面仍存在不少问题。"十一五"期间，我国节能减排虽基本达标，但单位GDP能耗只下降19.06%，因而这只能算是勉强达标。一些地方的发展思维还跟不上形势要求，地方官员还不能正确处理经济发展与环境保护之间的矛盾。一些地方民众的生态观念仍有待加强，其粗放型经济发展方式仍未得到根本转变。一些地方还在就环保论环保，就污染谈污染，甚至还在为重蹈"先污染后治理"之覆辙而付出过大的环境代价。

正因为如此，"十二五"是中国环境保护工作攻坚克难的关键时期，仍然面临治污减排的压力继续加大、环境品质改善的压力继续加大、防范环境风险的压力继续加大、应对全球环境问题的压力继续加大等严峻问题的挑战。亦正因为如此，胡锦涛同志2012年7月23日在省部级主要领导干部专题研讨班开班式上发表重要讲话时仍特别强调，推进生态文明建设，是涉及生产方式和生活方式根本性变革的战略任务，必须把生态文明建设的理念、原则、目标等深刻融入和全面贯穿到我国经济、政治、文化、社

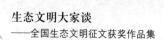

会建设的各方面和全过程。在党的十八大召开后新的发展起点上，我们必须进一步推动生态文明建设，坚持节约资源和保护环境的基本国策，着力推进绿色发展、循环发展、低碳发展，为人民创造良好生产生活环境。

怒江州生态文明建设问题研究

云南省怒江州委党校　张立江　段承盛

　　加强生态文明建设，是破解日益强化的资源环境约束的有效途径，是加快转变经济发展方式的客观需要，是保障与改善民生的内在要求。云南省怒江州地处滇西北青藏高原南延部分的横断山脉纵谷地带，有着独特的地理环境、自然资源和民族文化。无论从历史和现实看，还是从今后的发展需要看，搞好生态文明建设，对于实现经济和社会的可持续发展具有十分重要的现实意义。

　　目前，怒江州确立了"生态立州"的发展思路，成立了怒江州生态文明建设领导小组，首创了"怒江州开发与保护立体建设"模式，推进节能降耗，加大宣传教育，大力推进生态文明建设，取得了明显成效。但是，怒江州生态文明建设还面临人口增长、环境恶化的双重压力，经济发展方式转变压力大，生态建设实际需求与投入相比还有很大的差距，生态文明意识还需要不断加强。

　　如何进一步提高怒江州生态文明建设水平？笔者认为，要做好以下工作：

　　坚持以马克思主义生态文明理论为指导。马克思主义生态文明理论认为人是自然界的产物，是自然界的组成部分，人必须以自然为其生命、生存和发展的源泉。在建设中国特色社会主义过程中，党继承和发展了马克思主义的生态文明理论，特别是党的十七大关于建设生态文明概念及其实践战略的提出，把马克思主义生态文明理论与实践推进到了一个新的阶段。怒江州只有坚持以这一理论为指导，才能加快生态文明建设。

抓好环境保护工作。环境保护是重大的民生问题，事关人民福祉与社会和谐，怒江州委、州政府必须抓好环境保护这项工作。要毫不松懈地抓好主要污染物减排，大力发展循环经济，着力解决损害群众健康的突出环境问题，综合运用工程、技术和生态的方法加大生态环境保护和建设力度。

优化经济结构。评价经济发展的好与坏，既要看经济发展的速度、效益、结构和质量，又要看科技含量、资源消耗和污染排放等方面情况。要努力提高产业结构的科学化水平，注重发展生态工业、高效生态农业和现代服务业，从而形成生态农业—生态工业—生态服务业"三位一体"的经济结构。

抓好扶贫攻坚工程。怒江州最根本、最现实、最紧迫的任务，就是尽快使广大的农民群众摆脱贫困，彻底解除贫困人口对生态环境造成的压力。要认真贯彻云南省委、省政府关于解决"一州（怒江州）一县（宁蒗县）"深度贫困问题大会战的有关重要指示精神，打响重点突破解决深度贫困问题大会战。要根据不同层级情况，形成由村级规划、乡镇规划、县级规划、州级规划共同组成的规划体系。要按照总体规划、分类指导、分步实施的原则，扎实推进扶贫攻坚工程。

建设云南省生态文明示范区。要加快推进怒江、澜沧江流域、州县乡镇面山、生态脆弱区、矿山破坏严重区域的生态修复工程，积极推进兰坪矿产资源开发、高黎贡山自然保护区建设和干流水电开发生态保护和资源补偿机制试点工作。

要加快部分粮农向林农转变，传统农业向生态产业转变。要全面启动生态州、生态县和国家级生态乡镇建设。

实现消费方式生态化。引导人们形成适度消费、绿色消费的生活方式，改变挥霍性、浮华性、铺张性、新奇性、体面性、排场性、阔气性的消费行为，减少生态破坏、环境污染和资源浪费。

优化人居环境。既要注重城市，又要充分考虑农村。就怒江州城镇而言，主要包括在城镇内部建设人与自然和谐的生态社区，使城镇内部与城镇外部周围地域形成可持续发展的生态良性循环区域。就怒江州农村而言，要在普遍推行"生态示范区"建设的同时，重点发展一批"绿色居住区"，建设包括文化活动、远程教育、医疗以及各种服务在内的配套设施。

加大资金投入。除州、县两级财政力所能及安排专项资金外，集合、整合林业、农业、财政、扶贫等各部门的项目资金，加大投入力度。同时出台金融贷款担保抵押政策，利用市场化手段吸引社会资金投入林、果业的发展。

推动全社会树立生态文明理念。制订生态文明建设教育培训计划，扩大宣传教育覆盖面。实施全民动员，实现生态文明观念上的"三个转变"：从向自然界索取的传统观念向呵护自然、保护生态的意识转变，从粗放经营的观念向发展集约型、环境友好型产业的思想转变，从依托自然资源的观念向培育环境资源优势的理念转变。传播生态文化知识，提升怒江州各民族群众的生态文化素质。

形成有利于绿色发展和环境保护的体制机制。抓紧建立与国家基本国情、怒江州州情相适应的环境保护宏观战略体系、全防全控的防治体系、健全的环境质量评价体系、完善的环境保护法规政策科技标准体系、完备的环境管理体系、全民参与的社会行动体系。

完善生态补偿机制。明确生态补偿责任主体，确定生态补偿的对象、范围。

让环境和自然资源的开发利用者承担环境外部成本，履行生态环境恢复责任，赔偿相关损失，支付占用环境容量的费用。

创建国家级生态县的优劣势分析

江西省宜丰县环境保护局　黎新文

为推进生态文明建设，江西省宜丰县制定了"两年争进位、三年上台阶、五年大跨越"的总体目标，开展"四项创建"，建设"四大基地"。为充分认清宜丰生态县建设面临的形势和艰巨任务，笔者对宜丰县创建国家级生态县存在的优势和劣势进行了调研。

笔者发现，自 2008 年以来，除天宝乡被授予"国家级生态乡（镇）"称号外，还有 11 个乡镇（场）被分别授予"省级生态乡（镇）"称号。同时，12 个行政村被分别授予"省级生态村"称号。2010—2012 年 3 年中，新昌镇、潭山镇伏溪村等创建国家级生态乡镇或生态村已报环境保护部复核。2013 年棠浦及芳溪两个镇和同安乡罗家村、双峰林场小槽村等 5 个村也已向省环保厅提交了省级生态乡镇或生态村的申报材料。在一大批乡镇、村先后被命名为生态乡镇、生态村的宜丰县于 2009 年年底顺利通过省级生态县验收组的考核验收，成为全省第二个经专家验收组现场考察和数据审核后确认的省级生态县。县委、县政府经请示省环保厅同意，计划 2013 年向环境保护部提出创建国家级生态县的要求。

宜丰县创建国家生态县的优势有：

一是领导重视。县委、县政府把生态县建设作为一项重要工作，多次召开会议安排工作，设立生态县建设专项资金，并专门成立了由县长任组长，各乡镇、各部门负责人参与的生态县创建工作领导小组。二是生态环境优势明显。宜丰县素有中国竹子之乡、中国猕猴桃之乡、江西绿色食品十强县等殊荣，森林覆盖率为71.9%，主要河流大部分水质都达地表水质量标准Ⅱ类标准，县城空气质量满足环境空气质量标准二级标准。三是历史文化底蕴深厚。建县1700多年，禅文化底蕴深厚，还是陶渊明故里。四是生态建设底子较好。始终坚持工业强县、生态立县、和谐兴县的战略，不断寻求经济建设和生态环境保护最佳结合点。

宜丰县创建国家生态县的劣势有：

一是生态经济发展还比较落后。生态农业规模化、产业化程度还比较低，生态工业企业规模小、技术含量低、总量不大问题仍较突出。二是基础设施建设滞后。环境设施如污水处理厂及污水收集管网系统、垃圾无害化处理场等设施建设滞后于经济社会的发展，城市绿化面积小且分布极不均衡，综合治理能力仍相对薄弱。三是农村生态环境整治任重道远。村庄脏乱差、不合理使用化肥、农药等问题还较严重，特别是乡镇环境基础设施十分薄弱。四是生态和环保经费缺口较大，投入机制还不健全。

推进国家生态县建设，笔者有如下建议：

统一思想认识，切实加强领导。各级领导要深刻认识生态县的科学内涵及建设的重要性、紧迫性和艰巨性，统一思想，把生态县建设贯穿于现代化建设的全过程，建立生态县建设领导负责制、任期目标责任制和责任追究制，实行“一把手”亲自抓，负总责，层层落实领导责任。各部门落实责任，相互配合，形成合力。把生态环境保护和建设的成效作为考核各乡镇、各部门工作成绩和干部政绩重要内容，完善领导干部政绩考核办法。

坚持不懈做宣传，实现全民创建。充分利用标语、宣传车、广播电视、网络等形式进行广泛宣传动员，开展形式多样的生态意识

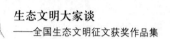

教育，对各级干部、企业法人代表举办加强生态环境保护和可持续发展的知识培训，对广大群众开展生态环保科普教育活动。

　　加强绿色生态建设，共建美好家园。加大创建工作力度，以绿色生态建设为中心，积极开展国家级生态县和省级生态工业园区创建活动，并在每年年初都要下发《关于组织申报国家级、省级生态乡镇及生态村的通知》，要求各乡镇积极做好申报工作。将主要污染物总量控制指标纳入宜丰县经济社会发展"十二五"规划，制定年度减排计划并严格执行。开展城区建筑业污染整治专项行动，要求建筑施工单位采取措施，防止建筑噪声和扬尘污染，并着手对城区道路实行全面改造，努力建成总量适宜、分布合理、植物多样、景观优美、点线面相结合的城市绿地系统。以工业园区为重点，推进产业结构调整。通过抓园区搭平台，引导所有招商企业进入园区发展，实现工业集中发展、土地集约利用、污染物集中控制，形成金山银山在园区、绿水青山在田园的良好局面。以农业产业化为龙头，加快发展循环农业和生态农业。研究和推广生态农业技术规程和模式，努力扩大无公害农产品、绿色食品和有机食品生产基地的规模，努力拉长生态农业产业链，切实提高生态特色农业的综合效益。大力发展生态林业，要完善林业生态补偿机制，加快生态公益林和防护林工程建设。突出宜丰特色，加快发展生态旅游。强化生态环境综合治理，加大生态环保投入力度，强化环境执法能力建设。

发掘生态文化　引领绿色发展

湖北省赤壁市环境保护局　葛先汉　周军

生态文化可以引领全社会认识自然规律，了解生态知识，树立人与自然和谐的价值观，促进整个社会生产生活方式的转变，为生态文明建设提供内在推动力。

对于赤壁来说，推进生态文明建设，有着重要意义。

推进生态文化建设，是打好加快转变经济发展方式的必然要求。"十二五"时期是深化改革开放、加快转变经济发展方式的攻坚时期，要从根本上转变经济发展方式，实现科学发展，不仅要抓好生态建设和生态产业发展，还要加强生态文化建设，在全社会牢固树立生态文明理念，倡导生态伦理道德，发展生态科学技术，努力使节约资源和保护环境成为人们的共同价值观和自觉行动。

推进生态文化建设，是生态文明建设的核心和灵魂。生态文明是人类文明发展理念、道路和模式的重大进步，它意味着人类思维方式和价值观念的新变化。生态文明秉承生态文化的价值取向，批判地吸收了农业文明、工业文明的积极成果，倡导绿色生产和适度消费，节约自然资源，防治环境污染，从而促进人与自然和谐共处。生态文化是主导人类健康、有序、文明发展的力量源泉。

推进生态文化建设，是赤壁陆水湖生态经济区建设的现实需要和重要内容。陆水湖生态经济区建设是集经济、生态、文化、社会为一体的系统工程，生态文化的形成和弘扬会产生巨大的精神和物质力量，对陆水湖生态经济区建设发挥巨大的推动作用。生态优势是赤壁最大的优势，建设陆水湖生态经济区，必须突出生态这个特色，以发展为核心，以生态文化理念为引导，通过经济生态化与生态经济化互动互促的有益探索，着力提升生态生产力，把生态优势转化为经济优势。

赤壁处在长株潭城市圈和武汉城市圈的中间位置，独特的区位赋予赤壁多样的交通方式，公路、铁路、水运十分方便。生态资源丰富，是中国桂花之乡、楠竹之乡、茶叶之乡、苎麻之乡、温泉之乡。先后开发了万亩茶园、38万亩竹海、5万亩沧湖生态开发区、1.2万亩野樱花。

"十二五"期间，赤壁要重点开发三条大道、建设三大旅游区、打造三个旅游新城。以三国赤壁古战场为龙头，开发旅游快速通道文化旅游产业带，建设集松柏湖乡村俱乐部、沧湖生态农业示范园、黄盖湖三国军事游览区、风情赤壁度假区等景点于一体的三国文化旅游区，将赤壁镇打造成具有文化、生态、休闲特点的旅游新城。以陆水湖风景区为龙头，新建环湖大道，建设集雪峰山、幽兰山、葛仙山、玄素洞、随阳竹海等生态景点于一体的陆水湖文化生态旅游区，将陆水湖打造成具有生态、文化、会展、运动特点的旅游新城。以龙佑温泉为龙头，依托茶马古道，建设集五龙山温泉、五洪山温泉、中国·赤壁汉茶生态文化产业园、羊楼洞明清石板街等景点于一体的汤茶生态文化旅游区，将龙佑温泉区域打造成具有休闲度假、商务会展、生态文化特点的旅游新城。

实施大旅游战略，促进大品牌建设。以赤壁景区为核心，实施"三国赤壁+X"的发展模式，在其他景区巧妙融入三国文化元素，做强做大陆水湖、龙佑温泉等品牌，形成以三国文化为核心，生态文化、温泉养生文化、茶文化、民俗文化、宗教文化等交相辉映的赤壁旅游发展新格局。

重点建设十五大旅游亮点，即经典战役的荡气回肠——三国赤壁古战场；旅超所值的水上明珠——松柏湖乡村俱乐部；独具风情的鄂南民俗——沧湖农业生态示范区；军旅屯田的生动再现——黄盖湖三国军事游乐区；鄂南地域的农耕风情——风情赤壁度假区；集世界军事文化大成——世界军事文化博览园；统筹城乡的乡村旅游示范——旅游快速通道生态农业观光带；文化产业融入旅游的示范工程——三国文化产业园；动感陆水湖——陆水湖风景区；天人合一的静心乐土——葛仙山道教养生园；湖北唯一的竹主题公园——随阳竹博园；汤泉沸波的度假升华——龙佑温泉；"皇"、"茶"交汇的旷世经典——汉茶生态文化产业园；温泉农家的世外闲情——五龙山温泉；明清历史的再现——羊楼洞、新店古街。

如何推进绿色赤壁生态文化建设？笔者有如下建议：

坚持开发与保护并举。实行严格的生态保护，在某些核心区建立保护区。制定产业规划，对楠竹、茶叶产业化进行专题研究，形成切实可行的方案。改变多头管理的局面，建立竹业协会、茶叶协会等，充分发挥行业协会的作用。建立奖励机制，对上规模、技术含量高、建立品牌的企业进行奖励。

坚持整合开发与特色突出。赤壁以生态立市，春游陆水、夏看竹海、秋赏金桂、冬沐温泉，对生态资源整合提出了更高的要求，因而要打破条条框框，实现资源的最佳组合。要因地制宜、突出特色，实现生态和文化深度结合。

坚持全民参与。生态开发要有居民的参与，充分尊重当地居民的意愿和想法，让他们成为真正的参与者，发挥他们的主观能动性，形成自觉意识。同时利用各种方式，将生态方面新的研究成果、重大成就传播到每个角落，让生态意识深入人心。

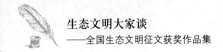

　　重视宣传教育。赤壁这几年的快速发展，重视宣传功不可没。电影《赤壁》传遍大江南北，响彻中外，赤壁的美誉也随之远播。赤壁作为武汉的后花园，过去是养在深闺人未识，良好的生态没有转化为现实的财富，在当今生态旅游方兴未艾的大好形势下，要多做宣传，做足宣传。

大山里的报春花

山东省泰安市徂徕山林场　朱海涛

　　徂徕山，群峰突兀，沟壑纵横，绿林如涛。在这大山里生长着一种叫"连翘"的报春花，每每早春时节，乍暖还寒，她悄然挂满枝条的金黄色小花，向人们昭示着春天来了。邓兴法如同这大山报春花，扎根大山深处，默默地守护着这充满春天气息的丛林山川。

　　24年，默默坚守大山深处，春夏秋冬寒来暑往，只有孤独与寂寞为伴；24年，吃不完的苦，走不完的路，换来满山的青葱，再苦再累也值得。

　　邓兴法，山东省泰安市徂徕山林场一名普通护林员，自幼腿有残疾、行动不便。参加工作24年来，一直从事护林防火工作。他扎根深山，在平凡的岗位上作出了不平凡的业绩。被国家林业局授予"全国优秀护林员"、"全国绿化劳动模范"荣誉称号。

　　以场为家，爱林如子。日复一日，年复一年，渴了，喝口山泉；饿了，干粮充饥；累了，席地稍歇。邓兴法以自己的实际行动证明了他爱林如"子"的事实。

　　邓兴法小时候由于注射针剂造成了腿部残疾，走路不方便。但是，他并没有为此提出调换工作而是扎根在大山上，扎根在护林防火一线。24年来，同样的工作、同样的山路，他比别人付出了更多的艰辛。腿脚不便，他就早出晚归，多走勤查，为此，他也得了一身"看山人"的职业病，胃病和关节炎尤为严重。

春节、元宵节、清明节、"五一"、"十一"等重要节假日，他始终坚守在工作岗位。自参加工作 24 年来从未回家过一个春节。考虑到他身体残疾情况，领导曾多次想给他调换工作，都被他一句"习惯了，就这样吧"给婉言拒绝了。邓兴法所负责管护的林片，多年来从未发生过盗伐和火情，为徂徕山的森林资源保护工作作出了突出贡献。

常年护林，愧欠家人。每当提起自己的家人，邓兴法总是感觉愧欠很多。作为一名护林员，他每月二十七八天吃住在山上，遇到工作忙时整月都不能回家，长年累月如此，人们都亲切地称他"看山人"、"山杠子"。邓兴法全家住在徂徕山后的乡下，家有年迈的父母，还有两个年纪尚幼的孩子，一家人的花销很大。仅靠他一人的工资，难以为继，还要靠妻子耕种那几亩田地做帮衬。为此，家庭的重担、田里的农活都落在了妻子柔弱的肩上。

2012 年刚入冬时，女儿因感冒引发心肌炎，由于妻子忙于农活，孩子的病情有所拖延，只好转入泰城医院治疗。刚入院时，女儿一直高烧不退，妻子多次打电话给邓兴法，说女儿想见爸爸，让他到医院看看，不会耽误他的工作。可是当时正值森林防火最严峻的时期，他咬咬牙说："这里离不开我，过了这段时间我立马回去，你糊弄糊弄孩子（方言，照顾的意思）。"大雪封山，他终于有时间休班了，回到家看到女儿消瘦的脸庞和手臂上打吊瓶留下的针眼，邓兴法把女儿紧紧地搂在怀里，欲泣无声。

为了护林，宁弃生命。日常工作中，邓兴法敢于和一切破坏森林资源的不法分子做斗争。有一次，某不法分子盗伐一车木柴企图偷运下山，行至土岭护林房时，被巡查至此的邓兴法截获，迅速向林区领导汇报，并当场依法扣押了这一车木柴。次日，不甘心的不法分子来到他所在的工队，先是和邓兴法套近乎，见邓兴法不理睬，又说，只要放行，要多少钱，给多少，并保证不向任何人说出去。而邓兴法就一句话，等林区领导来了，按规定处理，说什么我也不会放。一看没辙，不法分子露出了本来面目，持刀威胁邓兴法说如果不让拉走木柴，就要邓兴法和他的家人好看，并将刀一下拍在桌子上。在威胁面前，邓兴法同志毫无惧色，他义正词严地说：只要我邓兴法活着，你们休想拿走一根木头。面对这个"死磨硬缠"都不管用的邓兴法，不法分子只好灰溜溜地离开了。

改造荒山，彰显本色。邓兴法所管护林片旁有一个山头，名叫珂珞山，20 世纪 80 年代，是一片刺槐次生林。由于紧靠村庄，村民连年过度放牧，逐渐成为残次林，后来就退化成一片无人问津的荒山。他每当护林巡逻路经此地时，觉得总这么荒着，挺可惜的。于是，他向林区领导报告，把珂珞山包给他，改造为经济林。林区负责人当即答应了他的请求。自此，他就全身心地投入到珂珞山的荒山改造上。每天他早起晚归，在做好护林巡查之余，就到珂珞山清理杂草、垒护堰、挖鱼鳞穴。开春时，那片荒山就精心栽植上了板栗、核桃、柿子等小苗。谁都知道，这开山种树是"累死人不偿命"的活，就是一个精壮劳力，逼不到份上，也不会干这活，何况他还是一个腿部有残疾的人。每当劳作一天，借着月光，向护林点返回时，那条残腿就阵阵作痛，他咬着牙一点一点挪回护林房。有时他想：算了，干这图个么，一心一意护好林得了。可是第二天，他又不自觉地拿起锨、镐，又向珂珞山进发了。经过连续 4 年的艰苦劳作，他硬是让 70 余亩荒山披上了绿装，共栽植板栗 2 800 余株，核桃 500 余株，柿子 110 株，其他杂果近百株。

经过多年的精心管理，珂珞山这片经济林的收成一年比一年多，经济产出也大幅提升。到了 2006 年，他不顾家人的反对和亲戚的劝阻，毅然将这片经济林"退还"给了林区。为此，有人笑他傻，有

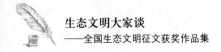

人说他憨。他只是淡淡地说，这山是国家的，咱是林场职工，开山造林是咱的本职工作，咱不能只钻到钱眼儿里，昧着良心不干正事。

这就是邓兴法，这就是一名无怨无悔的林场守护员。他忠实履行着"防林火、防虫害、防偷盗"的职责，工作中兢兢业业、任劳任怨、爱岗敬业、无私奉献。从不叫苦、叫累，也从来没有抱怨过什么。把所有的情、所有的爱抛洒在这片山上，留在了这片绿色中；把理想掩映在这一草一木中，定格在"护林员"这一平凡的岗位上。

生态文明视野下民族地区生态旅游的发展
——以贵州黔东南苗族侗族自治区为例

东南大学人文学院　　戴冬香

一、生态旅游

关于生态旅游的概念，目前国内外学术界众说纷纭，尚未形成一个确定的定义。但近年来在生态旅游的本质、内涵、要求等方面已基本达成共识，即生态旅游是对自然区域负责任的旅行，它将保护生态环境并提高社区居民的福利。

从这一定义中可以得出生态旅游的内涵主要包括 3 个层次：游客的满意与教育；生物多样性及自然资源的保护；社区发展和社区居民福利的提高。生态旅游应对保护生物多样性、当地社区利益、经济和社会效益作出贡献，并且具有教育和认知的功能。

生态旅游是人类文明的一种标志，它是生态文明在旅游产业发展领域的具体表现。生态旅游是对人和对自然更高形态需求的关照，它改变了以技术形态为基础的保护，更强调意识形态的保护。生态旅游能有效地促进环境质量的改善和生态环境的优化。

二、民族地区生态旅游的发展现状

随着现代化进程中工业文明的发展和城市化的进展，以"天

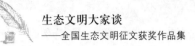

人合一"为核心的生态旅游的兴起，给民族地区生态旅游资源的充分利用提供了良好的发展机遇。我国少数民族多集中在西部地区的12个省（市、自治区），这些地区的总面积为685万 km^2，占全国71.4%，人口3.55亿，占全国28.5%，是长江、黄河等大江大河的发源地，也是我国生物多样化繁育生息的主要区域，其生态地位十分突出。同时，这一地区也具有丰富的矿产资源、能源资源、农业资源和旅游资源。其中，贵州省黔东南苗族侗族自治州则是原生态旅游资源丰度和密集度极具代表性的地区之一，对这一地区生态旅游的研究有助于指导我国其他民族地区生态旅游的开展。

黔东南地区神奇的水光山色、奇石异洞、飞瀑流泉、生物资源等原生性自然生态系统景观以及精彩纷呈的原生民族人文生态系统，使得其在生态旅游的开发潜力与发展空间上具有我国其他地区乃至世界许多国家不可比拟的"后发优势"。

相对于国内生态旅游的发展而言，黔东南地区的生态旅游起步较晚，开发规模不大，内容单一，处于水平较低的初级开发阶段。面临着一系列的"瓶颈"，主要体现在：社区参与程度较低；生态旅游观念尚未建立，例如，目前这一地区的生态农业与生态工业之间还没有形成循环经济，旅游业相关的旅游商品加工业，中药材种植相关的中成药生产业等方面并没有形成协调、有机的产业链；异质性传统文化逐步被同化，如苗族吊脚楼房屋建筑技艺受木质建材和现代建筑材料、风格影响严重，大量建造砖混结构房屋不仅破坏了原生态村寨景观，还使苗族吊脚楼建筑技艺濒临消失的危险；各利益相关者的利益诉求存在冲突等。这些问题直接影响了该地区生态旅游的质量和生态环境的保护。

三、用生态文明的理念促进生态旅游发展

1. 建立完善相关政策和法规

生态文明建设不仅需要道德力量的推动，更需要制定相关的政策和法律法规作为保障，这也是生态旅游得以顺利实施的重要前提。世界生态旅游发展较好的国家，都采取了一系列行之有效的立法措施。例如1916年，美国通过了关于成立国家公园管理局的法案，国家公园的管理纳入了法制化的轨道。在英国，1993年就通过了新的《国家公园保护法》，旨在加强对自然景观、生态环境的保护。随着我国政府《全国生态保护"十一五"规划》的发布，关于生态旅游的目标已得到了党中央、国务院和各部委基本的认同。但是，我国在生态文明建设方面的立法还应当进一步加强。各地应当结合自然资源和生物的多样性、维持资源利用的可持续性等问题，制定相关的地方性法规，以实现生态旅游业的可持续发展。

2. 进行生态旅游知识宣传

建设生态文明必须以普及生态知识和提高大众的生态意识为前提，因为对待自然生态环境的观念和态度直接影响着旅游者在生态旅游活动中的旅游行为，直接影响着旅游经营管理者的管理和服务方式。因此，要充分利用各类学校、电视、广播和期刊杂志等教育机构和传播媒体，广泛宣传有关生态文明建设的有关知识，激发大众对生态环境的忧患意识、责任意识和参与意识，树立正确的生态文明观，让生态文明成为人们的行为标准及追求的时尚，使生态旅游真正成为人与自然和谐统一的高尚体验。

3. 运用绿色技术增加生态旅游的科技含量

生态文明倡导绿色文明，生态旅游是科技含量较高的产业，其中生态环境的保护、生态环境问题的处理、生态环境质量的监控和

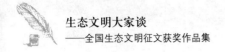

测量等都应在现代科技的密切配合和参与下才能实现。因此，在生态旅游的开展过程中，应广泛运用绿色技术，用于保护生态环境、节约资源和能源、维持生态平衡、减少环境污染、促进人与自然之间和谐发展。

4. 加大环境和原生态民族文化资源的保护，制定科学的生态旅游规划

在生态文明建设中，应妥善处理好旅游开发与生态环境的协调问题，处理好相关者的利益分配问题，确保生态环境良性循环发展。这就要求在开发中必须把保护生态环境、保护民族文化资源放在首位，做到科学规划、强化管理、严格保护、合理开发，不以牺牲资源为代价来换取经济效益。在发展生态旅游时倡导规划先行，生态旅游规划应以科学的规划原则与认证标准为基础，以生态学、生态经济学原理及可持续发展理论为依据，在对旅游区内各类资源进行全面普查评价的基础上，确定生态资源的特色、保护范围和市场定位。开发那些不影响或少影响生态环境的旅游项目，科学规划、精心设计生态旅游产品，在全社会树立起人与自然和谐发展的生态观念，实现经济、生态、社会效益的统一。

生态文明建设指标体系构建再认识

重庆工商大学长江上游经济研究中心　文传浩

武汉大学环境法研究所　铁燕

党的十七大报告中首次提出"生态文明"建设方略，党的十八大报告更是把生态文明建设摆在总体布局的高度来论述，这是马克思主义关于人与自然辩证关系和生态哲学理论的新突破，是中国特色社会主义理论体系的又一创新，是我党深化全面建设小康社会目标提出的更高要求，更体现了中国共产党对世界环境保护的大国责任。

然而，生态文明从 2007 年党的十七大报告提出至今，科学的生态文明建设指标体系仍未建成，这一问题亟须探讨。

至今为止，国家有关部委还没有出台有关生态文明建设和考核的一个统一规范的指标体系，而科学性、操作性、适宜性强的指标体系对于指导和考核测度全国和各地区生态文明建设尤其是实践至关重要。目前我国在生态文明建设指标体系实践上，主要参考 3 个领域的指标体系并在其基础上作细微的调整。一是参考原国家环境保护总局制定的生态县（含县级市）、生态省（自治区、直辖市）（修订稿）建设指标体系。二是参考国家建设小康社会指标体系。三是参考新农村建设的指标体系。而这 3 项指标体系中第一项偏重于生态保护和环境治理，第二项偏重于人民的生活质量，第三项主要侧重于解决"三农"问题提出来，用这 3 项指标体系均各有其利弊，简单地借用这 3 项指标体系嫁接在生态文明建设指标体系上必然存在重要缺陷。从 2008 年以来全国有关省区市生态文明建设规划（纲要）看，生态文明建设指标体系更主要参考环保部的生态省（县）建设指标体系，主要包括经济发展或生态经济发展、生态环境保护、社会进步 3 项一级指标 16 项二级指标，目前个别省份的生态文明建设指标体系在此基础上略作调整增加到 27 项二级指标，其中 16 项指标依然借用的生态省指标体系。

由于未能建立科学性、操作性、适宜性强的指标体系，生态文明在具体建设上也容易出现一些误区。例如，2009 年 8 月首席科学家杨开忠承担的国家哲学社会科学重大招标项目"新区域协调发展与政策研究"课题组将生态文明水平用生态效率（Eco-efficiency，EEI，EEI=GDP／地区生态足迹）概念来替代，而生态效率源自 20 世纪 90 年代 OECD 和世界可持续发展商业委员会的研究和政策中，通常作为企业和地区提高竞争力的有效途径。EEI 为地区产生单位生态足迹所对应的地区生产总值，它与 GDP 成正比，在生态足迹一定条件下，GDP 越高，其水平亦越大；与生态足迹成反比，可以看出，生态文明水平首先是由 GDP、人口规模决定。因而这种评价指标体系和测度方法虽然也反映出经济发展过程中的资源代价，但最终的落脚点仍然体现在经济成果上。如果过于侧重强调以 GDP 或人均 GDP 来作为决定生态文明水平的重要因素，甚至可能使地方政府继续对 GDP 的崇拜。同时，这一评价方法以生态足迹作为评价经济发展代价的重要手段，而将能源消耗作为冲击生态的最大力量，这一评价方式，无疑也尚有欠缺。

生态文明建设指标体系决定着制度设计、政绩考核，影响着公众评判和舆论导向，唯有科学设计、与时俱进、不断完善，才能更好地促进各级政府贯彻落实科学发展观，并对其建设生态文明的成果做出全面准确的评判。在生态文明建设指标体系理论研究上，到目前为止相对全面的仅有中央编译局组织研究并于 2009 年 7 月 8 日发布的国内首个"生态文明建设（城镇）指标体系"。这一评价体系试图通过包括单位 GDP 能耗、工业固体废物综合利用率等 30 个指标"核定"一个地区的生态文明的程度。这一指标体系从第一到第七项指标是"反映各地区资源有效利用的努力程度"；环境现状、地方如何治理环境问题等一系列环境命题，则通过第八到第二十四项指标体系中考核出来。课题组在指标体系设计特意加入了"制度保障"的考量。如：生态环境议案、提案比例、规划环评执行率、公众对城市环保的满意度。这套评价体系特点是，按每个单项指标和总得分对地区进行排名公示，而不是以达标形式公布。也有学者从自然、经济、社会、政治、文化 5 个角度设计出包含 34 项指标的生态文明建设评价指标框架，来衡量人与自然、人与人、人与社会之间的互动关系。

从生态文明建设现有指标体系分析可以看出，到目前为止生态文明建设指标体系存在以下几方面的缺陷：一是指标体系的单一性，缺乏全面性和系统性，主要从经济和生态环境保护两个层次设计和考核；二是指标体系对于社会进步的指标设计太少，且基本为定性指标或参考性指标；三是现有指标体系整体上参考性指标偏多，这对于实际考核过程中缺乏较好的可信度和可操作性；四是指标体系和考核方式均没有与考核所在行政区在国家、区域主体功能区中的生态、经济功能区结合起来，这样就导致考核大而统，缺乏可比性、可操作性或者脱离地方经济社会实际的可能性。

由于指标体系的不完善，直接导致在生态文明建设考核测度的缺陷。例如，目前在生态文明考核测度方面，主要将节能减排、控污防污和生态环境保护作为最主要的考核内容。这种考核忽略了对生态建设的考核。前述内容主要是治标的一种考核，要治本，要从

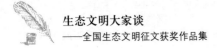

根本上考核生态文明建设成效，还应该重点考核生态建设内容。而生态建设考核内容又往往走入仅仅停留在"生态保护"的误区。从生态建设的系统性出发，生态保护仅仅是生态建设的初级阶段或者是一种被动适应环境行为，如果仅仅停留在生态保护阶段，生态系统并不能充分利用人类已有的科学技术尽快恢复和重建，更不能在更短的时间内为人类生产生活提供生态服务。生态建设更有效的途径是生态修复和生态创建。生态修复是人类利用生态学的理论、方法、手段和措施，对自然生态系统的一种主动保护和修复，是人类在适应自然生态系统的一种主动性活动行为。生态创建是生态建设的最高层次，是利用人类迄今为止所拥有的经济、政治、文化、科技、工程等一切技术、手段去设计和建设与人息息相关的受损和被破坏的自然生态系统，也是人类主观能动性在认识人类自身、人与社会、人与自然的能动性行为。

以生态文明理念推进新型城镇化发展

河南省濮阳市发展和改革委员会 谢海萌

　　我国目前正处于城镇化快速发展时期，未来 20 年，城镇化率有望达到 70%，城镇人口将增加近 3 亿人。这一过程对城镇的承载能力、生态保护、资源保障等提出巨大的挑战。目前在城镇化过程中，各地偏重于拉大城镇框架、增加城镇人口，缺乏对城镇质量和发展内涵的统筹考虑，势必带来一系列经济社会问题，影响可持续发展。因此，在各地推进城镇化的过程中应以生态文明的理念来审视新型城镇化建设的生态内涵，探索建设经济繁荣、社会和谐、环境友好、资源节约的生态型城镇。

一、城镇化面临的现实瓶颈

　　2002 年以来，我国城镇化率以年均 1.35 个百分点的速度增长，每年新增城镇人口 2 096 万人。2011 年，城镇化率达到 51.27%，比 2002 年上升了 12.18 个百分点。据中国城市代谢量统计显示：城市消耗全国钢铁的 86%，铝材的 88%，铜材的 92%，水泥的 75%，能源的 80%；排放的 CO_2 占全国的 90%，SO_2 占全国的 98%，COD 占全国的 85%。随着城镇人口的不断集聚，城镇化所面临的资源、环境、土地等瓶颈约束逐渐凸显。而目前，加速城镇化进程已成为地方政府推进经济社会发展的重要任务之一。盲目推进城镇化在带来人口向城镇大量集聚的同时，也带来了能源消耗加快、生态环境恶化、

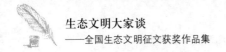
社会公共服务供给不足等一系列社会问题。所以，城镇化发展中对生态内涵的忽视已成为我国构建现代化城镇体系的现实障碍。

二、新型城镇化的生态内涵

新型城镇化应该是将经济发展、社会进步与生态保护结合起来的一种可持续发展模式。所谓生态内涵就是城镇化过程中充分利用先进的生态、环保、节能技术，按照生态宜居、生态经济、生态文化的理念去统筹规划建设城镇，以解决人口膨胀和经济发展带来的资源短缺、环境污染及公共服务滞后的压力。

（一）生态宜居的理念

城镇化不是单纯的将农业人口集聚到城镇，而是生活方式的转化和生活质量的提高。城镇从选址布局到规划设计不但要强调城市功能的健全，更要合理布局空间结构，明确生产、生活和生态功能片区，将生态与居住概念融为一体。要因势利导，结合当地生态特点，统筹做好绿地、公园、林带、水源等生态系统规划，保证良好的环境质量和充足的环境容量，做到人工环境与自然环境融合。同时，要对空气质量、地表水质、噪声等环境指标进行严格控制。

（二）生态经济的理念

经济功能是城市的主要功能之一。城镇发展应全面贯彻循环经济理念，根据各地经济发展阶段，合理统筹劳动密集型和资本技术密集型产业，引导企业加大科技研发和技术改造力度，提高资源能源利用率，降低废弃物产出率，实现清洁生产。有条件的地区应以科技创新提升产业结构，重点发展节能环保、科技研发、文化创意、服务外包、会展旅游以及绿色房地产等低消耗、高附加值产业，构筑生态型产业体系，实现经济高效循环。同时，新型城镇化过程中应优化能源结构，大力促进清洁能源、可再生资源和能源的利用。

各地根据实际条件，完善中水回用、雨水收集、海水淡化等非传统水源综合利用系统。积极探索风能、太阳能、地热能及微风发电等可再生能源利用模式。

（三）生态文化的理念

新型城镇化也是人的生活方式转化过程。在城镇化过程中，要提倡绿色健康的生活方式和消费模式。倡导绿色出行，大力发展清洁能源公交、城市轨道交通、慢行体系，实现人车分离、机非分离、动静分离。在居民住宅、公共服务设施等建筑上，推广绿色建材和绿色设计理念。在社区中，推行家用太阳能、生活垃圾分类、雨水收集等绿色生活方式，最大限度节约和利用再生能源、资源，保护环境、减少污染。

三、新型城镇化生态发展的思路

当前，城市新区、产业集聚区、新型农村社区等城镇化载体建设不断加快，但城镇化进程存在的诸多问题，尤其是发展理念落后的问题愈发突出。如果当前不予以足够重视，随着城镇化率的不断提高，各种资源约束矛盾不断累积，将对整个经济社会的稳定带来不利影响。重视新型城镇化生态内涵为更好的推进城镇化打开了发展思路。

（一）转变城镇化发展理念

城镇化不仅仅是通过拉大城镇框架将农民纳入城镇范围内，更重要的是生活功能完善、生态和谐、城乡统筹等城镇化内涵的建设。在城镇发展过程中，必须突出生态宜居理念，控制人口密度，完善基础设施，引导低碳的生活和生产方式，为城镇居民创造舒适的居住环境。

（二）坚持可持续发展

当前，各地城镇化建设较少考虑资源约束问题，但随着城镇人口的增多，水、土地、电力、环境容量等资源压力将越来越大。所以，推进城镇化必须坚持生态、环保、节能的原则。新建城区要采取绿色建材，完善雨水收集及生活垃圾分类系统，积极推广家用太阳能，有条件地区可以采用风能、生物质能等可再生能源作为辅助能源。

（三）体现城乡统筹发展

城镇化与农村发展并不矛盾，尤其是新型农村社区、小城镇等城镇载体本身就脱胎于农村，它们的发展是密切关联的。城镇化离不开工业化，也离不开农业现代化。生态城镇化的建设发展中可以因势利导，充分发挥农业的生态效应。推进郊区现代农业发展，有利于实现城乡产业的协调，对生态城镇化建设具有不可替代的作用。所以，生态型城镇化进程不能仅仅依赖于城市的发展，城镇规划必须统筹考虑周边农村地区的自然条件和经济基础。

（四）重视生态意识培养

生态型城镇建设离不开居民的生态意识。城镇化过程最根本的是人的转变，不仅仅是经济基础和生活方式的转变，更是价值观念和思维方式的转变。在城镇化过程中，要通过广播、电视、报纸等多种渠道积极倡导生态价值观，树立人与自然和谐发展的新观念，促进居民的意识和行为的改进。也可制定导向性政策，增强居民生态环保的主动意识，引导城镇居民绿色的生活方式和消费模式。

如何推进生态文明建设

贵州省凤冈县环境保护局　冉丛茂

建设生态文明，是深入贯彻落实科学发展观、全面建设小康社会的必然要求和重大任务，为保护生态环境、实现可持续发展指明了方向。

笔者认为，建设生态文明，关键是要树立生态文明观念，从中国的实际出发，积极探索建设生态文明的有效途径和方法。

第一，转变经济发展方式。党的十七大将"转变经济增长方式"改为"转变经济发展方式"。这两个字的改动，寓意深远，意义重大，针对性和指导性更强，有着深刻内涵。经济增长方式是指通过不同要素投入和技术组合获得经济增长的方法和模式，强调的主要是提高经济增长效益。而经济发展方式除了涵盖前者的含义外，还对经济发展的理念、战略和途径等提出了更高要求，强调的不仅是提高经济增长效益，还包括促进经济结构优化、经济增长与资源环境相协调、发展成果合理分配等内容。转变经济发展方式，必须坚持走中国特色新型工业化道路，坚持扩大国内需求特别是消费需求的方针，促进经济增长由主要依靠投资、出口拉动向依靠消费、投资、出口协调拉动转变，由主要依靠第二产业带动向依靠第一、第二、第三产业协同带动转变，由主要依靠增加物质资源消耗向主要依靠科技进步、劳动者素质提高、管理创新转变。

第二，加快建立资源节约型、环境友好型社会。资源节约型社会，是指以能源资源高效率利用的方式进行生产、以节约的方式进行消费为根本特征的社会。它不仅体现了经济增长方式的转变，更是一种全新的社会发展模式，它要求在生产、流通、消费的各个领域，在经济社会发展的各个方面，以节约使用能源资源和提高能源资源利用效率为核心，以节能、节水、节材、节地、资源综合利用为重点，以尽可能小的资源消耗，获得尽可能大的经济和社会效益，从而保障经济社会的可持续发展。环境友好型社会，是人与自然和谐发展的社会，通过人与自然的和谐来促进人与人、人与社会的和谐。具体来说，它是一种以人与自然和谐相处为目标，以环境承载能力为基础，以遵循自然规律为核心，以绿色科技为动力，坚持保护优先、开发有序，合理进行功能区划分，倡导环境文化和生态文明，追求经济、社会、环境协调发展的社会体系。

第三，处理好经济建设、人口增长与资源利用、生态环境保护的关系。要充分考虑人口承载力、资源支撑力、生态环境承受力，正确处理经济发展与人口、资源、环境的关系，统筹考虑当前发展和长远发展的需要，不断提高发展的质量和效益，走生产发展、生活富裕、生态良好的文明发展道路。为此必须转变关于发展的传统观念，从重经济增长轻环境保护转变为保护环境与经济增长并重，在保护环境中求发展；从环境保护滞后于经济发展转变为环境保护和经济发展同步，努力做到不欠新账，多还旧账，改变先污染后治理、边治理边破坏的状况；从主要用行政办法保护环境转变为综合运用法律、经济、技术和必要的行政办法解决环境问题，自觉遵循经济规律和自然规律，提高环境保护工作水平。

第四，发展循环经济和保护生态环境。发展循环经济是建设资源节约型、环境友好型社会和实现可持续发展的重要途径，是一种新的经济增长方式。循环经济以减量化、再利用和资源化为原则，以提高资源利用率为核心，以资源节约、资源综合利用、清洁生产为重点，通过调整结构、技术进步和加强管理等措施，大幅度减少资源消耗、降低废物排放、提高劳动生产率。努力促进资源循环式利用，鼓励企业循环式生产，推动产业循环式组合，形成能源资源节约型的经济增长方式和消费方式，促进经济社会可持续发展。保护生态环境，关系广大人民的切身利益，关系中华民族的长远发展。必须充分认识保护生态环境的重要性、艰巨性、长期性，坚持保护环境的基本国策，加大保护生态环境的力度，更加科学利用自然为人们的生活和经济社会发展服务，坚决禁止掠夺自然、破坏自然的做法，坚决摒弃先污染后治理、先破坏后恢复的做法。把祖国建设成经济繁荣、环境优美、生态良好的美好家园，既是亿万人民的共同愿望，也是每一个公民义不容辞的责任。

甘孜州加强生态文明建设的若干思考

四川民族学院　陈光军

　　四川省甘孜州加强生态文明建设，努力争当生态文明建设排头兵，就是要使天更蓝、地更绿、水更清、气更洁、人更富，人与人、人与社会、人与自然和谐共生，各族群众都能够喝上干净的水、呼吸上清新的空气、吃上放心的食物、有一个良好的生产生活环境，在全国乃至全球树立甘孜州生态环境最好、甘孜州生态环境保护得最好、甘孜州经济社会与生态环境协调发展得最好的形象。

一、率先探索建立生态文明建设能力支撑体系，努力争当全国生态文明建设的先行区

　　加强生态文明建设，努力争当生态文明建设排头兵，是发展理念上的一场革命，首先要在能力支撑体系建设上先行一步，努力争当全国生态文明建设的先行区，才有可能成为生态文明建设的排头兵。

　　组织保障率先。明确责任落实，把生态文明建设任务纳入行政首长目标责任制，明确各级政府和各部门的分工和责任，实行党政"一把手"亲自抓，做到责任、措施和投入"三到位"。动员社会各方参与。建立完善国际合作机制，努力争取国际资金和技术援助。

　　法制保障率先。推进生态文明建设，法制保障是前提、是核心、是关键，必须把生态文明建设工作纳入依法管理的轨道。要加强立法，

严格执法。强化行政监察，严格落实行政执法责任追究制，规范执法行为。保障公众监督权。

科技保障率先。关键是要强化生态文明建设的科技教育支撑。推广先进适用科技成果。发挥企业技术创新主体作用。加强专业人才队伍建设。

考核评估率先。关键是按照生态文明建设评价指标体系，建立考核评价制度，对全州市县、各部门生态文明建设进展情况开展动态评估。建立新的政绩考评体系，建立生态核算机制，引导人们从单纯追求经济增长逐步转向注重经济、社会、环境、资源的协调发展。建立完善绿色认证制度，加快建立有关绿色认证的法律法规和标准。建立激励约束机制，结合领导干部任期考核，对其任期内的区域生态文明建设进行评估，建立约束机制。

试点试验率先。组织开展生态文明州县创建活动，推进现有生态示范区建设，力争再建设一批国家级和省级生态示范区。开展生态文明建设重点领域综合改革试验区。

二、构建生态文明产业支撑体系，努力争当全国产业发展生态化的试验区

构建生态经济体系。按照"生态建设产业化，产业发展生态化"思路，积极构建生态经济体系。促进产业发展高端化，推动形成"三、二、一"的产业结构。促进产业发展生态化，从而实现产业结构、能源结构和消费结构的转变。

发展生态农业。从全州新农村建设的实际出发，本着农民自愿、因地制宜、分类指导的原则，大力发展具有比较优势的甘孜州特色农业。逐步实现农业产业结构合理化、技术生态化、生产清洁化和产品优质化，促进农业和农村经济的可持续发展。建设优势高效型

生态农业体系，建设生态农业示范园区，提升农业品质，提高农业科技创新和转化能力。大力发展生态畜牧业，把甘孜州建成国家"常绿"草地畜牧业基地。

发展生态工业。按照新型工业化的要求，不断改进工业生产模式。发展绿色制造。壮大生态工业体系。发展区域静脉产业。推动建立资源综合利用产业体系。

发展生态服务业。一是发展生态旅游文化产业。二是发展现代物流业。三是发展现代商贸、金融、信息业。四是发展其他现代服务业。

培育新兴生态产业。甘孜州是一个生态资源大州，保护、开发和利用的潜力很大。促进产业发展新型化。促进产业发展园区化，坚持以园区化引领产业化，促进园区建设生态化。促进生态资源经济化。培育壮大生态环保产业。

探索新型发展模式。推广绿色模式。发展循环经济。加快发展低碳经济。积极推行清洁生产。

三、构建生态文明自然资源保障体系，努力争当全国自然资源可持续开发利用的示范区

建设自然资源可持续利用的核心是保护可更新资源的生态基础，节约、合理开发和有效利用不可更新资源，最大限度地保障社会经济可持续发展对自然资源的需要。

水资源保护与利用。以满足经济社会发展和生态环境对水量、水质的要求为导向，实现水资源的优化配置、节约与合理利用、有效保护与安全供给。综合整治水环境，力争到2020年高原湖泊及江河水系基本实现良性循环。加强重点流域的保护，建立以高原湖泊和江河水系为重点的水体保护生态系统，在高原湖泊周围5～10公里范围内划定禁止开发区。优先保护饮用水水源地水质。

土地资源保护与利用。保持耕地总量动态平衡。提高土地利用集约化水平。控制建设用地总量，保障经济社会发展对土地的需求量。

矿产资源保护与开发。实施矿山资源分类、分区与保护。实施矿山总量控制。强化矿山资源管理。提高矿产资源综合利用率。

林业资源保护与开发。加强森林生态系统保护与建设。建立以森林植被为主体、林草结合的国土生态安全体系，建设山川秀美的生态文明社会，大力保护、培育和合理利用森林资源，建设长江上游生态屏障，加快绿山富民奔小康进程，促进林业更好地为国民经济和社会发展服务。到 2020 年，森林覆盖率力争达到 35%，生态环境明显改观，林业产业实力明显增强，基本建成布局合理、功能齐备、管理高效的林业生态体系和规范有序、集约经营、富有活力的林业产业体系。

推动绿色能源发展。建设以水电为主的电力支柱产业。继续大力发展生物质能，全面加强生物质能的开发。积极推进太阳能开发使用。有序推进风能和地热资源。

加强资源开发的生态环境监管。以防止新的人为生态破坏为重点，切实加强对农业、林业、畜牧业、矿产、水、旅游等资源开发活动的生态环境保护与管理。落实资源开发规划的环境影响评价，加强资源开发项目的环境影响评价，监督落实生态保护和生态恢复措施。对资源开发活动的生态破坏状况开展系统的调查与评估，制定全面的生态恢复规划和实施方案。加强生态恢复工程实施进度和成效的检查与监督，及时公布检查评估状况。

四、构建生态文明环境安全体系，努力争当全国生态安全的屏障区

构建生态环境安全格局。实施甘孜州生态功能区划，在国家主

体功能区划的基础上，加紧环境功能区划工作，逐步实行环境分类管理。在优化开发区域，做到增产减污，切实解决一批突出的环境问题，努力改善环境质量。在重点开发区域，严格控制污染物排放总量，基本遏制生态环境恶化趋势。在限制开发区域，坚持保护为主，合理选择发展方向，逐步恢复生态平衡。在禁止开发区域，严禁不符合主体功能定位的开发活动，遏制人为因素对自然生态的干扰和破坏。加强国内跨地区合作。

强化污染防治与节能减排。强化大气污染防治，治理重点行业污染源。加强固体废物处理，要完善危险废物、医疗废物交换网络体系。组建废旧电子电器收集网络，建设废旧电子电器收集网点。重视工业固体废物资源化利用，工业固体废物综合利用率达80%以上。重视生活垃圾综合处理，实现大型处理设施的区域共享，城镇生活垃圾无害化处理率达100%。强化危险废物和危险化学品监管，确保核与辐射环境安全。

加强生物多样性保护。加快推进川西北生物多样性保护行动计划及规划的实施。加强就地保护，构建不同形式的保护区空间体系。切实重视自然保护区以外重要环境的保护，鼓励当地居民加强保护村寨周围保留用于宗教或其他信仰活动的片段森林。加大物种资源的保护力度。完善生物多样性保护设施，加强对入境生物材料的检疫和监测监管。

加强湿地保护和恢复。制定湿地名录。严格控制对自然湿地的开发活动，防止自然湿地面积缩小。严格控制围垦，实施一批湿地生态环境修复工程。

积极恢复退化土地。强化水土流失的预防和治理，控制人为水土流失。以小流域为单元，继续实施"长治"工程、"珠治"工程，加大高原湖泊区、水源地等重点区域的治理力度。科学选择治理模式，抓好石漠化治理试点县建设。切实重视采矿迹地的生态恢复。

　　加强自然灾害预防与控制。积极防治地质灾害，完善地质灾害监测预警和应急反应系统，完善地质灾害应急反应体系。做好滑坡、崩塌、泥石流等地质灾害的防治工作。防治山洪灾害，以防垮坝事件发生。完善环境安全预警系统，避免重复投资建设，共享信息资源。加强农业灾害预警与防护体系建设，完善农田林网建设等生物、物理、人工等无公害病虫害防治体系。

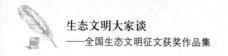

浅谈建设生态文明的重要意义

辽宁省本溪市政协人口资源环境委员会　　孟庆福

生态文明是人类文明的一种新形态。它以尊重自然规律并维持自然的和谐为前提，以人与人、人与自然、人与社会的和谐共生为宗旨，以建立可持续的生产方式和消费方式为内涵，引导人们走上持续和谐的发展道路。建设生态文明具有重大的现实意义和深远的历史意义。

一、建设生态文明是正确处理人与自然关系的需要

人与自然的关系反映着人类文明与自然进化的相互作用及其结果。人类的生存与发展依赖于自然，同时，人类文明的进步程度也影响着自然的结构、功能和进化程度。人类文明的发展大致经历了原始文明、农业文明和工业文明3个阶段。在原始社会，由于生产力水平十分低下，人与自然的关系表现为对自然的敬畏和被动服从。到了农业时期，随着人口的增加和生产力水平的提高，人类开始不安于自然的庇护和统治，在利用自然的同时试图改变自然和改造自然，而这种改变和改造又伴随着很大的盲目性、随意性和破坏性。工业文明的实现，人类对自然的理念也发生了根本的改变，由利用变为征服，"人是自然的主宰"的思想占据了主导地位。但人类对自然的征服和统治最终造成自然资源的迅速枯竭和生态环境日趋恶化，人与自然的和谐面临着有史以来最严峻的挑战。

人类是大自然家庭中的一员，起源于自然、生存于自然、发展于自然，人与自然是一个不可分割的整体，与自然和谐相处、和谐发展，是人类社会发展的主题。当今世界人与自然和谐相处、和谐发展的关键，是要端正人的思维，校正人的认识，调整人的发展行为。人类不仅要严格保护自然，尽快地恢复自然，更重要的、更迫切的是要在尊重自然规律的前提下，充分发挥人的主观能动性，运用自然规律，科学地修复自然，在更高层次上实现人与自然的和谐。从这个意义上讲，在建设生态文明、促进人与自然和谐发展的进程中保护自然是基础，恢复自然是目标，改善自然是关键，与自然和谐相处是目的。

二、建设生态文明是顺应人类文明发展的需要

　　生态文明作为工业文明的超越，代表了一种更为高级的人类文明形态。生态文明首先强调以人为本的原则，反对极端人类中心主义与极端生态中心主义。生态文明认为人是价值中心，但不是自然主宰，人的全面发展必须促进人与自然和谐。要摆脱生态环境危机，就必须超越传统工业文明的发展逻辑，摆脱先污染后治理的老路，走一条新型工业化发展道路。

　　工业文明的发展是以环境破坏为代价的，这足以造成人类文明的衰落。环境污染、资源枯竭等一系列问题不仅严重威胁人类的生存和发展，而且也制约人类文明发展的进程。这一严峻的现实要求人类做出新的文明选择，开辟一种新的文明。生态文明正是人们对传统工业文明进行理性反思得出的结论。建设生态文明已成为世界上大多数国家的共识。

三、建设生态文明是构建和谐社会的需要

社会主义和谐社会中的"和谐"包括人与人、人与社会、人与自然的和谐。在这三者中，人与自然的和谐是基础。大自然是人类赖以生存的家园，是人类进行一切物质活动的基础。因此，人类在开发利用自然的时候，必须尊重自然、保护自然，选择一条既保持经济增长，又保证生态平衡、资源永续利用的发展道路。建设生态文明是构建和谐社会至关重要的组成部分。生态文明是人类处理人与自然关系时所达到的文明程度。其目的就是要使人口环境与社会生产力发展相适应，使经济建设与资源环境相协调，实现良性循环，走生产发展、生活富裕、生态良好的科学发展道路。建设生态文明，不论对于实现以人为本、全面协调可持续发展，还是对改善生态环境，提高人民生活质量，实现全面建设小康社会的目标都至关重要。

四、建设生态文明是建设中国特色社会主义的需要

建设生态文明，是由我国的基本国情决定的。近年来，我国加大了环境保护工作力度，也取得了一定的成效，但环境形势依然严峻，长期积累的环境问题尚未解决，新的环境问题又不断产生，一些地区的环境污染和生态破坏已经到了相当严重的程度。

我国资源短缺，总量匮乏，人均占有水平低。随着经济的高速增长对资源的需求越来越大，我国在资源利用方式上还存在着严重的浪费和效率低下现象。特别是科技水平的相对落后使得资源利用不充分，而资源利用不充分又加剧了资源的供需矛盾。一方面使我国对外依赖性增强，另一方面也损害了我国经济的持续增长。这些问题和矛盾，只有通过积极建设生态文明，更有效、更节约地利用好再生资源、更多地提供、更合理地使用可再生资源才能得到比较

好的解决。

五、建设生态文明是提高我国国际竞争力的需要

无论出于全球环境保护的需要，还是一些发达国家出于贸易保护的需要，生态化设计、循环利用资源、保护环境等已成为产品竞争力的重要标志。可以预见，谁在有利于环境保护的产品设计、技术创新方面占据优势，谁就在新的国际竞争中占据了制高点。我国明确提出建设生态文明，必将深刻影响人们的思想观念，推进工农业生产、生活消费等向着有利于环境保护的方向发展。通过将保护环境的任务渗透到生产、流通、分配、消费的全过程，将保护环境的要求体现在价格、财税、金融、贸易政策中，推动技术创新沿着节约资源、保护环境、循环经济的方向迈进，使我国的工业化真正走上新型工业化道路，加快从工业大国向工业强国转变的历史进程。

六、建设生态文明是为全球环境保护做贡献的需要

发达国家在工业化的进程中，走过了一条先污染后治理的道路。在 20 世纪的 100 年中，美国消费了大量的石油、煤炭、矿石，付出了沉重的环境代价。以不足世界人口 15% 的发达国家，消耗了全球 50% 以上的矿产资源和 60% 以上的能源，排放了大量的污染物，对环境安全造成了巨大威胁。我们建设生态文明，就是把建设资源节约型、环境友好型社会放在工业化、现代化发展战略的突出位置，从根本上摒弃发达国家大量消费、大量摒弃的传统模式，为全球环境保护作出积极贡献。

建设生态文明　构建和谐社会

江苏省建湖县委宣传部　夏海

生态文明的提出是我们党科学发展、和谐发展理念的一次升华。结合实际，应全面树立科学发展观，倡导生态优先理念，大力发展生态产业，改善生态环境质量，推进生态文化建设，积极探索谋求经济效益和生态效益双赢的路子。

一、大力发展生态产业，增强可持续发展能力

（一）发展绿色经济，做强生态产业

建设生态文明，增强可持续发展能力，必须靠发展生态产业来支撑。紧紧抓住转变经济发展方式这个中心环节，坚持以节约能源、资源和保护生态环境为切入点，全面推行产业结构调整和优化升级，实现生态与工业的和谐互动、社会和环境的协调发展。要坚持走新型工业化道路，突出以提高质量和效益为中心，加快培育一批科技含量高、资源消耗低、环境污染少、经济效益好的优势产业、优势企业和优势产品，做大做强一批生态工业，初步形成生态产业发展的新优势，提升经济竞争力。在项目引进上，围绕主导产业的提升和扩张，坚持绿色招商，注重彰显生态特色，将引资和选资相结合，严把建设项目审批源头关，在源头上控制污染源的产生。严格执行"环保一票否决制"。不断加大生态环保设施投入，建设大型污水处理厂，大面积建设生态绿色景观，努力将园区建设成一流生态园区。要引

导企业牢固树立循环经济理念，将生态效益与经济效益同步、环境保护与经济发展并行，引导企业新上一批循环经济项目。在此基础上，严格执行企业清洁生产促进法和其他绿色认证，开展企业 ISO 14000 标准认证工作，以提高企业综合环境管理水平，塑造企业的良好形象。

（二）推进农业结构调整，积极推广生态农业

生态农业越来越引起人们的关注，成为关系到"三农"发展的重要因素。结合创建国家生态示范区的实际，发挥特有的生态优势，开发利用生态资源，大力发展生态农业，走农业产业化道路。按照高产、优质、高效、生态、安全的要求，调整优化农业结构，积极发展生态农业、有机农业，引导农民减少使用化肥和农药，鼓励扩大有机食品、绿色食品和无公害食品的种植。加快建设优势农产品产业带，打造生态农业示范园区，重点建设好一批生态、绿色、有机农业示范基地。以生态型农业为亮点，积极培育农产品知名品牌。

二、提升生态环境质量，打造宜业宜居家园

（一）强化生态环境整治

提升生态环境质量，是建设生态文明的重要目的和落脚点之一。以建设生态示范区为平台和抓手，真抓实干，推进环境基础设施建设，推进污染治理，使环境质量实实在在地得到改善，创建成人民满意的生态区。同时加大生态环境整治力度，对应关闭的化工企业坚决关死，充分运用法律、经济和行政手段，在环境执法上始终保持高压态势，开展整顿不法排污企业、保障群众健康等环保专项行动，严肃查处环境违法行为，提高产业集中度，实现集约发展。

（二）开展城乡生态环境创建

在城市，要将生态环境建设与文明城市创建活动结合起来，同

部署，同考核，认真组织生态城市创建活动，造浓创建氛围。重点开展"生态进社区、共创新家园"等一系列创建活动，编写"绿色社区"创建指导手册，下发创建标准，制定生态公约，大力倡导简朴和谐的消费观念和循环再生的消费行为，积极动员广大市民广泛参与生态环境建设。

在农村，按照建设生态区要求，进一步加大生态环境建设和保护力度，将创建农村优美环境列入社会主义新农村五件实事，扎实开展"清洁家园、清洁田园、清洁水源"三清活动。抓好农村生态创建规划，要对照创建要求编制整治规划和计划，并根据生态区创建情况，修编生态区规划。还要积极开展环境优美镇村创建，加快建设一批省、市生态村、环境优美镇。

三、加强生态文化建设，构建和谐发展共同基础

生态文化是物质文明和精神文明在自然与社会生态关系上的具体体现，是生态文明建设的原动力。因此，建设生态文明，必须大力加强生态文化建设，使可持续发展思想理念渗透到人们的行为意识中去，让人们在生产和生活中能够自觉地调整自身的行为。

（一）加强生态文化建设要与生态科学知识教育普及有机融合起来

首先，重视党政干部的生态教育。在党校等培训机构设立生态文化建设课程，开设环境保护专题讲座，组织相关部门负责人参加国家和省、市的有关生态环境保护培训班、研讨会和实地考察，提高党政干部的生态文化素质，使生态建设和环境保护成为政府决策和行为的自觉行动。其次，广泛开展生态文化建设宣传教育，促进公众传统价值观的转型。开展市民生态环境教育，通过每年的世界水日、世界无烟日等纪念或活动日，积极开展群众性生态科普教育

活动。建立一批生态环境教育示范基地，使其成为集生态教育、生态科普、生态旅游、生态保护于一体的生态文化教育基地。最后，加强在校学生生态环境教育，帮助他们培养生态文化观念和意识，努力造就具有生态环境保护知识和保护意识的一代新人。

（二）加强生态文化建设要与创建文明社区有机融合起来

结合弘扬优良传统文化，倡导生态文化理念。在市民中提倡使用生态环保产品、节能技术，提倡节约用水和水资源的二次使用，提倡使用环保型交通工具以减少废气、噪声污染，提倡使用生态建筑，用生态建材进行适度装修等。

（三）加强生态文化建设要与培育乡风文明有机融合起来

围绕社会主义新农村建设，按照乡风文明的要求，充分利用乡风文明评议这个载体，积极开展宣传教育活动，倡导简约和谐的绿色消费观念。在村民中逐步改革陈规陋习，提倡喜事新办、丧事简办；反对奢侈浪费、大操大办，引导、培育一种符合生态文化建设要求的、简朴的生活方式。通过乡风文明评议，表彰对环境具有积极影响的新人新事，形成强大的舆论力量。

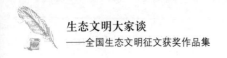

让"生态思维"生根发芽

江西省委宣传部　彭海宝

　　一位哲人说，如果你不能改变现有的思维方式，你就不能改变目前的状况。

　　推进生态文明建设，首先需要转变工业文明视野下的思维方式，在全社会大力普及生态思维。生态思维超越了人与自然之间主客二分、两极对立的思维方式，从人与自然的内在统一来观察思考问题，倡导一种全方位的生态关怀，对于我们落实科学发展观、实现人与自然的协调发展具有重要借鉴意义。

　　过去，在"人类中心论"的支配下，自然界被视为人类的附属。特别是随着工业文明的兴起，人们不顾后果，极力向自然进军，致使大片的森林消失不见，许多河流遭受污染，自然资源消耗过多，由此滋生出许许多多的生态问题。恩格斯曾说："不要过分陶醉于我们人类对自然界的胜利。对于每一次这样的胜利，自然界都要对我们进行报复。"历史经验表明，当人类与自然处于平等、和谐关系时，自然就能为人类提供良好的生存和发展环境；当人类以改造和征服自然为目标，与自然处于破坏、对抗的关系时，自然总会以特殊的方式威胁人类。

　　生态思维把人与自然视为一个整体，强调实现人与自然的和谐相处与互利共赢。实质上，自然界是一个相互依赖的庞大系统，人只是生态链条中的一环，只是自然界的一部分。人们在利用和改造自然的过程中，在追求自身进步和发展的同时，不能无度地向大自然索取，而应该珍惜、善待并保护好自然界。在遥远的古代，人类的祖先赤脚行走在丛林中间，无时无刻不依赖自然的馈赠。即使在现代文明高度发达的今天，我们仍离不开自然供给的丰富资源和空间。人类应该深刻铭记：大自然养育了人类，人类永远是大自然之子。保护了整个自然界，归根到底还是保护了人类自身。

其实，中国早就有自己的环境文化。四千年前的夏朝，就规定春天不准砍伐树木，夏天不准捕鱼，不准捕杀幼兽和获取鸟蛋；三千年前的周朝，根据气候节令，严格规定了打猎、捕鸟、捕鱼、砍伐树木、烧荒的时间；两千年前的秦朝，禁止春天采集刚刚发芽的植物，禁止捕捉幼小的野兽，禁止毒杀鱼鳖。在人与自然关系较为紧张的今天，我们应当回归优良传统，按照生态思维的要求，重新塑造我们的行为方式。

拥有一个美好的自然环境，受益的是你，是我，是生活于这个家园的所有人。每一个人都应当行动起来，重新认识自然，用心呵护自然，真诚善待自然，珍惜每一滴水，爱护每一片绿，节约每一粒粮食，还自然以宁静与祥和。我们更应当选择一条理性发展的道路，呼唤科学的生产方式，普及健康的生活方式，着力建设生态文明，依靠科学技术降低能耗，防治污染，努力促进经济文明与生态文明的协调发展。

从某个角度来说，只有人顺天意，才能天遂人愿。让我们牢固树立生态思维，把美好家园献给人民群众，把青山绿水留给子孙后代。

谈推进现阶段生态文明建设的路径

河北省晋州市环保局　杜敬波
河北经贸大学经济管理学院　杜佳蓉

　　老子所著的《道德经》说："合抱之木，生于毫末；九层之台，起于累土；千里之行，始于足下。"现阶段生态文明建设是人类社会发展史上一项壮丽浩大的社会工程，这一伟大工程的实现同样需要从基础做起，从一点一滴做起，从身边一件件小事做起。积极推进生态文明建设，努力实现人与自然的和谐发展。必须从主要用行政办法保护环境转变为综合运用法律、经济、技术和必要的行政办法解决环境问题。

　　一是要树立人与自然相和谐的生态文明观。我们必须转变人与世界相对立或以人为中心的文化观念，不应把人的主体性绝对化，也不能无限夸大人对自然的超越性，而是人类应当约束自己，摆正自己在自然界中的位置，关注自然的存在价值。人是自然物，是自然界的一分子，人类在改造自然的同时要把自身的活动限制在维持自然界生态系统动态平衡的限度之内，实现人与自然的和谐共生、协调发展。

　　二是要转变经济发展方式，走新型工业化道路。党的十七大报告中提出"转变经济发展方式"，强调在合理充分利用自然资源、保护生态环境的基础上促进经济的发展，根本改变依靠高投入、高消耗、高污染来支持经济增长，坚持走科技含量高、经济效益好、资源消耗低、环境污染少、人力资源优势得到充分发挥的中国特色新型工业化道路，实现人与自然、人与社会、人与环境的和谐发展。加快转变经济发展方式，我们必须对经济结构进行战略性调整，促进国民经济增长由粗放型向集约型转变，促进主要依靠增加物质资源消耗向主要依靠科技进步、劳动者素质提高、管理创新转变。要加快信息化进程，走以信息化带动工业化，以工业化促进信息化的新路子。

三是要坚持经济发展和人口、资源、环境相协调，建设资源节约型、环境友好型社会。资源节约型社会，是指以能源资源高效率利用的方式进行生产、以节约的方式进行消费为根本特征的社会。它要求在生产、流通、消费的各个领域，在经济社会发展的各个方面，以节约使用能源资源和提高能源资源利用的效率为核心，以节能、节水、节材、节地、资源综合利用为重点，以尽可能小的资源消耗，以获得尽可能大的经济和社会效益。环境友好型社会，是人与自然和谐发展的社会，通过人与自然的和谐来促进人与人、人与社会的和谐。

四是要建立健全生态法律制度体系。健全的生态法律制度不仅是生态文明的标志，而且是生态保护的最后屏障。法律制度是文明的产物，它标示着文明进步的程度，其作用在于用刚性的制度约束人类的不文明行为，惩罚不文明的行为。目前，当务之急是要严格落实环境责任追究制度，尤其是刑事责任的追究制度，加大对违法超标排污企业的处罚力度，严惩环境违法行为。同时，要尽快补充修订环境保护法，明确界定环境产权，并建立独立的不受行政区划限制的专门环境资源管理机构，克服生态治理中的地方保护主义行为。要加快建立健全生态法律制度体系，以制度规范人与自然的和谐关系，从而实现经济社会的可持续发展。

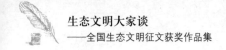
五是要坚持国际合作的原则。走和平发展的道路。生态文明建设需要稳定的社会环境与和谐的外部环境，必须坚持国际合作的原则，走和平发展道路。整个世界作为一个环境系统，任何一个国家的生态文明建设需要世界各国相互帮助，协力推进，共同呵护人类赖以生存的地球家园。按照科学发展观的要求所要建设的生态文明，是具有中国特色的社会主义生态文明，也是中国对世界文明建设的重大贡献。

六是构建绿色科技体系。要把绿色科技引入经济，从而实现经济、社会和自然的和谐发展，引导生态意识进入生产系统，从而解决发展经济与保护生态环境两难问题的桥梁，也是实现经济社会科学发展的关键，而资源节约型社会是一种以人与自然和谐发展为目标，以环境承载能力为基础，以遵循自然规律为核心，以绿色科技为动力，追求经济、社会、环境协调发展的社会体系。只有发展绿色科技，才能发展循环经济，促进资源循环式利用，鼓励企业循环生产，通过调整结构、技术进步和加强管理等措施，大幅度减少资源消耗，降低废物排放，形成能源资源节约型的经济发展方式。

七是构建生态文明建设指标评价体系。只有构建生态文明建设指标评价体系，才能反映各地推进生态文明建设工作的成效与存在的问题，才能检验各级党委、政府关于生态文明建设的各项决策部署是否正确、是否真正落到了实处，才能促进各级党委、政府不断创新生态文明建设的思路和举措，才能为考核各级领导班子绩效状况提供客观真实的评价依据。

用生态文明引领县域经济科学发展

安徽省肥西县环境保护局　刘贤春

生态文明是中国特色社会主义新的理论成果，是引领县域经济科学发展、持续发展的指导方针。县域生态文明是我国生态文明最重要的基础，举足轻重，应予以高度重视，要从理论与实践层面不断丰富和提高。就实践层面，如何用生态文明理论引领县域经济科学发展？笔者认为：

第一，要以生态文明理论引领县域经济发展转型。立足县域经济、社会和资源环境实际厘清转型思路，确立生态优先发展原则，科学制定生态文明建设近远期规划，制定和不断完善与之相匹配、富有实践内容支撑的政策措施，清醒认识未来发展资源环境相对不足、环境容量堪忧和生态功能高度敏感这个实际，摒弃短视，放眼长远，谋求发展，走工业新型化、农业生态化和城镇可持续发展之路，建设资源节约型和环境友好型社会。

第二，要以"生态文明工程"建设作支撑。生态文明关键在实践，只有付之实践才能"虚事实做"，才能不断完善、丰富和发展。这就要注重从实践层面以"生态文明工程"建设作为支撑，作为县域生态文明建设的最重要切入口。为此，一是推进"生态工业工程"建设，严格执行国家产业政策和环保规定，加强规划环评，从源头上把好项目准入关，严禁资源高消耗型、环境高污染的化工、重金属等企业进入各类工业园区和环境敏感区。二是要推进"农业生态

233

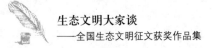
产业化工程"建设，发挥区位和资源环境优势，实施政策引领生态
产业提速，规模提升生态产业化水平，科技助推"绿色品牌"升级，
市场培育生态产业链延伸，不断改善农业生态环境。三是推进"城
乡环境综合整治工程"建设，加大城乡环境基础设施建力度，加大水、
气、声、渣与环境综合治理力度，积极推广污染防治新技术、新模式，
建设美好乡村。四是要推进"生态创建工程"建设，深入开展生态
文明市（县）、环境优美乡镇、生态示范村（居）和"绿色企业"、"绿
色社区"、"绿色学校"等创建活动，全面提升生态文明程度。建
立生态文明工程建设投入机制，支撑生态文明建设生机和活力。充
分发挥政府投入主导作用，建立政府、社会、企业、市场投融资机制。
实施"以奖代补"、"以奖促治"和"以奖促转"政策，积极整合资金，
用好国家及省市各项项目资金，兑现财政配套资金，发挥城乡经济
合作组织带动社会资金投入的牵头性作用，汇聚财力集中支持生态
工业、生态农业、生态城镇发展和生态环境改善。

　　第三，要以"绿色考核"加推生态文明。改变唯GDP考核政绩观，
建立符合科学发展观政绩考核机制和体系。按照生态文明考核要求，
科学设置和合理制定县域经济考核指标体系，将绿色增值、节能减
排、绿色创建、饮用水保护、绿色投入等纳入"绿色考核"重要内容。
重新考量和制定新的考核办法和细则，考核结果应作为地方党政主
要领导干部使用、晋升和奖励重要依据，并实行"一票否决"制。

对国有企业生态文明建设担当角色的几点认识

中国船舶重工集团公司　王运斌

　　生态文明作为一种现代治国理念和治国方略，已成为建设中国特色社会主义的重要指导思想。它要求我们在推进经济社会的快速发展中不能仅研究工业文明基础上的生产关系，还必须研究人与自然的关系，即工业生态化发展问题，实现又好前提下的又快发展。贯彻这一要求，作为共和国"长子"的国有企业应该有怎样的担当？具体如下。

一、以生态型企业发展文化建设为重点，超前在企业公民中树立起强烈的生态文明理念，以企业公民良好的文明素养影响社会公民，国有企业要敢于担当主导角色

　　现代企业主导着现代经济文化的每一步发展。正是从这个意义上说，在中国特色社会主义建设中起基础支撑作用的国有企业，它应该担当生态文明建设的主导角色。

　　怎样担当好这一角色呢？就目前来说，要培育深厚的企业生态文化理念，形成以生态文明为价值取向的新型企业发展文化，实现企业生态化发展，并以此推动全社会的生态建设。

　　国有企业培育新型企业发展文化的关键是职工生态价值观的养

成，抓好这个关键，一是要加强生态知识的普及教育，将抽象的生态理念具体化为"应知应会"的生产生活常识，在职工中进行一场深刻的生态启蒙，使每一个职工都建立起明晰的生态保护概念；二是要按照企业生态发展目标，基于自身特色提炼生态文化理念，并根据"内化于心、固化于制、外化于行"要求，认真开展生态型发展文化建设，不断推进企业职工浓厚生态意识和良好生态行为的养成。同时，以企业职工良好的生态文明素质及模范行为，影响和带动全社会公民生态文明觉悟的提升。

二、以绿色产业发展作为产业结构转型升级的重要抓手，建立生态发展的经营机制，以新型工业化为核心，促进经济发展方式转变，国有企业要敢于担当主体角色

目前及至今后一段时期，国有企业肩负着"补好工业文明的课、走出生态文明的路"的两大重任。这两大重任的直接经济技术表现，就是调整产业结构，推进新型工业化，转变经济发展方式。这一转变实质是两种文明发展形态的转换，在这个伟大的转变中，作为中国特色社会主义经济技术支柱的国有企业无疑担当着主体角色。

在推进工业文明向生态文明转变过程中，国有企业一是要做好工业文明建设的加速器，二是当好生态文明建设的孵化器。第一，要把大力发展绿色产业作为产业结构调整，加速产业转型升级的重要抓手，狠抓工业生态化、农业工业化、能源业清洁化、服务业低碳化，不断扩大绿色产业比重；第二，要树立生态决策、生态管理、生态生产、生态安全、生态质量、生态成本等一系列绿色经营理念，按照生态文明的战略指导思想，继续深化国有企业内部改革，既算经济账，也算生态账，建立完善的"以生态经济效益为中心"的生态经营体制机制。第三，推动"三化"协调发展，是继续推进工业

文明发展，加速生态文明进步的重要战略举措。对于国有企业来说，推进新型工业化是核心。对于全社会的生态文明进步来说，推进新型工业化是核心中的核心、关键中的关键。

三、以循环经济为基本路径，狠抓节约降耗、节能减排，倡导低碳生活，提高资源利用率，培育绿色竞争力，建设资源节约型社会，国有企业要敢于担当引领角色

国有企业承担着重大的经济责任、政治责任和社会责任，但首当其冲的是发展的经济责任，并通过经济责任的高效履行，完成自己的政治责任和社会责任。

国有企业必须建立以节约降耗、节能减排和资源综合利用为核心的循环经济发展模式，实行低碳化生产，不断降低生态成本，提高循环经济效益，并在广大职工中倡导低碳化的生活方式，才能为建设资源节约型社会更好地实现自己的政治责任和社会责任，引导全社会生态文明建设向前发展。目前，国有企业在这方面才刚刚起步，还有大量基础工作要做。

四、以企业生态化为起点，大力推进城乡生态化，构建生态安全体系，加强生态环境保护，开展生态文明创建，建设环境友好型社会，国有企业要敢于担当示范角色

生态文明为我们明确提出了构建一个以环境资源承载力为基础，以自然规律为准则，以可持续发展为目标的环境友好型社会的任务。完成这一任务的过程，是工业文明向生态文明的转变，也就是工业生态化的过程，它的逻辑起点和实质是企业生态化。因此，国有企业必须以加速自身生态化，为构建完善全社会的生态安全体系，建设环境友好型社会提供示范作用。

从推进生态文明建设的高度来看，国有企业生态化的内容至少有以下3点：一是加强企业内外生态环境改进。改善生产工作环境，淘汰有损生态环境和职工健康的生产方式，做到污染生态环境、损害人健康的技术工艺不应用、设备不采用、产品不生产。二是加速企业生态安全体系构建，做到技术开发、产品生产、经营销售、市场服务过程生态安全制度化、可控化，形成生态环境保护的长效机制。三是深化企业生态文明创建活动。

五、以满足消费者绿色需求为目标，大力开发利用绿色技术，推进清洁生产，不断扩大绿色产品生产规模，提高绿色产品数量质量，国有企业要敢于担当创新角色

国有企业在生态文明建设上，现在存在着两个明显的不够：一是对消费者绿色需求满足不够，绿色产品开发不足，高耗能、高污染产品淘汰不力，生态质量高、生态安全性好的绿色产品数量太少，远远不能适应市场需要；二是对绿色竞争力培育不够，绿色技术应用率低，清洁生产推行乏力，企业生产方式落后，生产设备、工艺落后，传统产业高端化、特色产业集群化、高新技术产业和战略新兴产业规模化生产严重滞后。这客观要求国有企业要充分发挥主体作用，迅速提高创新能力，加速改变自身的生态文明形象和面貌。

国有企业首先要紧扣生态文明的5个关键词"绿色、低碳、节约、安全、和谐"，加强经营理管理创新，树立绿色经营理念，建立生态经营模式。其次，把绿色技术提到核心技术及核心竞争力的高度，加强技术创新，大力开发绿色技术产品，不断提高产品的生态附加值。最后，以绿色产品生产要求再造生产流程，大力采用先进环保设备、环保工艺技术，推进清洁生产，充分满足消费者需要，不断提高企业生态经济效益。

六、以实现可持续发展为己任，积极履行生态责任，反哺生态建设，建立完善的国有企业反哺生态建设补偿机制和考核、监督机制，国有企业要敢于担当推进角色

国有企业率先建立完善的反哺生态建设的补偿机制和考核、监督机制，是推进全社会的生态文明建设的现实要求。落实这个要求，国有企业一是必须强化社会责任意识，树立职工、企业、社会、自然都是和谐的永续发展理念，切实把保护生态环境纳入经营责任体系，把天蓝、地绿、水清、人和作为发展追求目标，把生态责任落实于完善绿色指标考核之中；二是必须充分认识工业文明向生态文明转变的艰巨性，积极对接国家生态法制建设和财政补偿制度建设，进一步完善企业生态环保制度体系，建立生态环保投入及反哺生态建设预决算制度、生态成本核算制度等，大力加强反哺生态建设的补偿机制和考核、监督机制建设；三是必须进一步完善国有企业与社区、农村"结对帮扶"制度，积极开展企业参与地方环境保护、生态修复等生态建设公益活动，形成健全的以"生态帮扶"为中心内容的企业反哺城乡生态化建设机制。

践行科学发展观 建设生态文明城

湖北省鄂州市环境保护局 吕尚英 肖文舒 褚高山

胡锦涛同志明确指出："建设生态文明，实质上就是要建设以资源环境承载能力为基础、以自然规律为准则、以可持续发展为目标的资源节约型、环境友好型社会。"

生态文明建设作为深化巩固践行科学发展观的重要内容之一，为湖北省鄂州市发展指明了未来发展的方向。针对日益严峻的生态形势，只有直面矛盾，正视问题，继续以"创模"为抓手，全面推进鄂州市生态文明建设，才能实现鄂州跨越式发展，才能实现"五个鄂州"（即产业鄂州、创新鄂州、全域鄂州、灵秀鄂州和幸福鄂州）建设的宏伟目标。

一、弘扬生态文化，营造建设生态文明的良好氛围

一要宣传普及生态文明知识。大力弘扬生态文明基本理念，建设一批生态环境教育示范基地。将生态文明的理念渗透到生产、生活各个层面和千家万户，树立全民的生态文明观、道德观、价值观。二要抓好各个层面的教育培训。进一步加强党政干部的环境保护政策教育培训，引导各级领导干部确立正确政绩观。要在中小学进行国情教育，努力形成节约资源、保护环境的良好社会氛围。三要大力开展生态文明工程创建。大力开展绿色企业、绿色社区等绿色系列创建活动，建立多层次的环境保护公众参与平台，不断扩大公众

参与面。积极推进生态村、生态乡镇、生态区（开发区）创建活动。重点是抓好长港生态示范带创建工作，农村环境连片环境综合整治等生态创建工程。注重生态创建实效，运用生态文明创建这个载体，全面规划，分步推进，以点带面，大小结合，突出连片，着眼长远，全面推进生态建设和环境保护的各项工作，并最终实现生态文明成果全民共享。

二、落实强化节能减排措施，稳步改善生态环境质量

一是要进一步加大调整产业结构力度，加快推进新型工业化，立足"工业强市"推进"质量兴市"，大力促进工业上规模、调结构、树名牌、建集群、强体系，形成绿色、集约、高端有竞争力的产业体系。利用信息技术和先进适用技术改造传统产业，做大做强冶金、建材、装备制造等支柱产业，提升轻工、纺织服装等优势传统产业，推进传统产业结构优化升级。二是严格实行区域限批制度。对不能完成节能减排目标任务的区、街办和开发区，停止审批新的建设项目。三是加快推进重点节能减排项目和主要污染物减排监测体系建设。加强对重点节能减排工程和环境保护基础设施建设项目进展情况的督察和调度，落实减排目标，巩固减排成果。四是进一步健全污染减排考核和问责制度。进一步完善主要污染物总量减排考核办法，建立科学、规范、高效的目标管理考核体系。

三、积极推进四大省级战略

一是推进青一阳一鄂大循环经济示范区建设。围绕鄂州开发区循环经济试点，在节能减排、生态环保等方面开展改革试点，重点发展钢铁深加工、装备制造、新型建材、焦化副产品加工、绿色物流、有机废弃物加工等六大循环经济产业链。二是推进大梁子湖生

态旅游度假区建设。在生态保护的前提下，加大"一湖（梁子湖）、三地（梧桐湖新区、红莲湖度假区、梁子岛旅游度假区）、一带（长港示范带）区域的开发。三是推进武汉新港鄂州港区建设。加快三江港区综合交通枢纽工程建设，重点建设五大港区六大码头，推动形成1个保税区（白浒山—三江保税港区）、1座临港新城（葛华科技新城）、2座大型港口产业园（三江港、五丈港）、4个港区（葛店、三江、五丈港、杨叶）的核心港区格局，建设成为武汉城市圈骨干内陆出海港和长江中游区域性物流中转基地。四是充分利用紧邻武汉市的区位优势，全力推进葛店开发区与东湖高新区对接。全方位对接武汉东湖高新区，采取"一区多园"的方式，充分享受东湖自主创新示范区国家扶持政策，实现两区实质性的融合。

四、切实推进农村环境保护，增强生态环境对新农村建设的支撑能力

一是按照省政府和省环保厅要求配合相关部门将农村环境保护工作纳入环保目标责任制，纳入经济社会发展评价与领导班子和领导干部综合考核体系，建立农村环保领导责任制及综合管理机制。二是进一步加强农村环保能力建设、环境科研等工作。开展农村面源污染综合治理的试点、示范，大力推进农村生活污染、畜禽养殖污染治理；积极防治农村土壤污染。三是加大农村环境监管力度，防止工业污染向农村转移。四是大力开展农村环境连片综合整治和"环境优美乡镇"创建活动，积极争取上级对鄂州市农村环保工作的资金扶持。五是加强对饮用水水源流动污染源的管理。加强工业废水治理，积极推进梁子湖第二入江通道和梁子湖、梧桐湖、红莲湖、武四湖、四海湖、严家湖六湖相通项目实施，保护好水生态廊道，实现跨区域的水系综合治理，特别是按照省委、省政府要求，紧紧

围绕国家将梁子湖列入全国湖泊生态环境保护试点为契机，通过组织实施一系列的生态保护重点项目，着力创建省级甚至国家级湿地保护区。

五、严格环境执法，维护群众环境权益

一是加强建设项目环境监管。认真执行国家产业政策，严格控制"两高一资"项目。建立绿色审批通道，提高审批效率，积极支持发展科技含量高、资源消耗低、环境污染少的项目，促进产业结构优化升级，同时坚决落实环评审批和环保"三同时"制度，严格控制新污染源的产生。二是全面推行排污许可制度。对履行竣工环保验收手续，实现排放达标且符合总量控制要求的重要排污企业和投运的城镇污水处理厂发放排污许可证，实行持证排污。三是加强环境突发事件应急管理。完善突发环境事件应急预案，加强环境应急能力建设与演练，提升应对突发性环境污染事故的能力。四是严格执法、依法行政，加强监管和督察，着力解决危害群众健康的突出环保问题，切实维护群众环保权益。

水城水

江苏省泰州市泰州日报社　庞清新

20 世纪七八十年代，双水绕城的古城江苏省泰州市，出门见水举步遇桥，在一条长仅几公里的路上，就有高桥、虹桥、暮春桥、升仙桥、八字桥、税务桥、陈家桥、大林桥、洧水桥、扬桥、演化桥、破桥、韩桥……稻河演绎唐宋海陵红粟仓积糜穷的景观，盐河演绎明清泰州盐税鼎足天下的历史。可河道日益被生产、生活垃圾堵塞，碧波变成细流，细流渐渐断流，临河居民干脆将堵塞的河道填平，在上面建房居住；地方政府干脆将堵塞的河道掏空，在河道处建筑防空洞、楼宇、厂房。断流的绕城双水渐渐变绿、变黑、变臭，河面从漂浮死鱼到不见鱼踪影，临河居民常年不敢开窗通风。用这样的水作为饮用水源，不管如何净化都带有异味。机关用纯净水取代自来水作为办公饮水，久而久之怎能不遭百姓非议，干部命贵百姓命贱成为街谈巷议。喝惯白开水的我不得不改饮茶水，茶水可改变饮用水异味，但无法改变水质。绕城双水被污染并殃及周边流域，引发周边不安百姓上访。

绕城双水内环如金戒指外环如金项链，我们不识这样的真金。

20 世纪 90 年代，在市场经济浪潮冲击下，泰州百姓感悟到绕城双水，事关生活质量，事关生存。数以万计的癞蛤蟆冒着惨死车轮下的风险大迁徙，离开遭受污染的绕城双水，在百姓中引起强烈反响。当地媒体也壮胆披露：多年来百姓饮用水含有多种致癌物质。

为了打通绕城双水，临河居民响应政府号召，宁可再度三代同堂，宁可婚期一拖再拖，宁可打光棍，纷纷不讲价钱地将违建房拆除。有一户将国旗插上屋顶拒不拆迁，在百姓一片谴责声中，惭愧地降下国旗动迁。地方政府压缩开支，甚至将几个相关会议合并召开，集中财力拆除堵塞河道上的高楼大厦，挖除堵塞河道处的防空洞，兴建污水处理管网，曾经不断堵塞河道的垃圾，从集中填埋向焚烧发电转化，关闭、搬迁临河排污企业，一位临河排污企业职工上书：为了给河道让道我申请下岗。绕城双水水域又见白鹭栖息野鸭嬉戏，又闻淘米捣衣声又见垂钓影。一对情侣沿河漫步，鸟粪落肩头成百姓笑谈。梅园梅兰芳京韵、桃园孔尚任剧作、柳园柳敬亭评书，沿河两岸戏曲文化三家村争鸣。当年岳家军用以抵御金兵的绕城双水沿线，岳庙、锅巴山、烽火台犹在，又添滨河广场、三水湾、生态岛。风车酒幌飞檐石板路构成的老街，汇集本地八鲜色，招来川菜粤菜湘菜香，引来韩国料理美国牛排味。绕城双水区域成为国家 AAAA 级风景区。

戴上绕城双水金戒指金项链，我们珍惜这样的真金。

21 世纪初，随着地方财政收入三五年翻番及社会进步，泰州百姓对生活质量有了更高的要求，不再满足绕城双水，开挖出绵绵十多里的凤凰河，两岸植树造景，生态混凝土上芳草萋萋。园博园融入江苏省 13 个地级市的特色元素，高耸的望海楼呼应着大海，成为国家水利风景区。风景区房价迅速拉升，在泰州地区一举夺冠。一个曾因投资环境恶化吓跑外商的区域，一个曾作为处决死囚的荒郊乱坟场，成为国家高新区，引来多家世界 500 强企业在此落户。

凤凰河如金条，我们收藏这样的真金。

古城泰州尽管距长江只有 20 多公里，但水系千古不能与长江直通，20 世纪 50 年代曾立项开挖引江河，终因财力不济而成为纸上谈

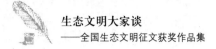

兵。一位参与者临终前感叹：我们这一代喝不上长江水了。一晃近半个世纪过去了，如今仅花费 4 年时间，就开挖出一条长达 20 多公里的引江河，集灌溉、排涝、生态于一体。这与 900 多年前为防水患，范仲淹在泰州修筑捍海埝一脉相承又不可同日而语。绕城双水及多条支流，通过引江河枢纽水体可日日翻新。一条饮用水取水管道，一头连着长江一头连着水厂，数以百万泰州百姓喝上了洁净的长江水。曾是奢侈的纯净水被百姓不屑一顾，百姓不再谈论饮用水含多种致癌物质，而是谈论长江水含多种微量元素。"锅底洼"的里下河，不再因旱灾引发群体抢水械斗整个家族逃荒乞讨，不再因水灾下河断炊内河靠救济上河添新坟。种粮户不再靠天收成，兴化成为全国第一产粮县市；养鱼户不再担心雨季，即使遇上百年一遇的水灾，沙沟鱼塘鱼虾也不会再随水患漂游血本无归。水上餐厅河中捕鱼河中取水河中煮，水上婚礼排成长龙组成方阵船与船交吻。引江河惠泽 300 多万公顷土地，滋润着誉满苏北的千岛垛田，滋润着誉满华东的水上森林，溱湖荣获国家湿地公园称号，河横荣获"全球生态500 佳"，引江河成为南水北调东线工程的重要取水口。

引江河如金砖，我们炫耀这样的真金。

弘扬生态文明建设　构建和谐大庆油田

黑龙江省大庆采油工程研究院　刘忠福

　　崇尚自然，保护环境，珍爱生态，是人类社会文明进步的重要体现，已经成为当今世界有识之士的共同行为准则。党的十七大明确提出建设生态文明的发展理念和目标要求。党的十八大做出"大力推进生态文明建设"的战略决策。顺应时代进步潮流，全面建设生态文明，是历史使命、政治责任，更是大庆推进可持续发展、构建和谐油田的必然选择。

　　大庆，因油而生，因油而名，是闻名世界的大油田、全国重要的石化工业基地。但很少有人知道，大庆还是一座生态城。大庆地下油气资源储量丰富，累计探明 61 亿吨石油地质储量、2 万亿立方米天然气远景储量，而且还蕴藏着 3 000 亿立方米地热静态储量。地上水面草原面积广袤，拥有 280 公里的松嫩两江流域、1 000 万亩的广阔草原、970 万亩的丰茂湿地、150 多个天然湖泊。这是大自然对大庆人的恩赐。2008 年 6 月 18 日开始举办的中国（大庆）湿地文化节，就是要唤醒和感召人们，亲近湿地、保护环境，对神圣的大自然负责任；珍惜资源、有序利用，对发展的可持续负责任；以人为本、追求和谐，对子孙后代负责任，坚持资源开发与环境保护并重、工业文明与生态文明共建，努力探索资源型城市的科学发展、可持续发展道路。

一、实现可持续发展，必须注重生态环境保护，促进人与自然和谐相处

大庆作为湿地城市、生态大市，始终注重善待湿地、珍惜环境、建设生态。以百湖治理为核心，做足水文章，构筑北国水乡。对星罗棋布于城区的百余个湖泊分期分批进行治理。通过清淤换水、护岸绿化、景观跟进、文化扮亮等多种措施，先后对黎明湖、乘风湖等15个主城区湖泡进行改造，做到治理一个湖泡、改善一片环境、建成一处景观、惠及一方百姓。科学规划贯通水系。治水源、连湖泡、修河道、净水体，连通近40个主城区湖泡，通过引江水换湖水，变"死水"为"活水"，形成兼具景观休闲、防洪排涝、生态自然的城市水系。投资5亿元改造治理的东城黎明河水系，连通5个湖泊，全长23.3公里。已经完成规划立项的西城水系，将连通32个湖泊。两大水系竣工后，将彻底改善大庆的城区地表水环境，形成"北国水乡"的独特景观。以百园建设为牵动，走好绿化路，打造园林大庆。按照"一区一厂一矿一园"的标准，从2000年开始，规划建设100个集"森林绿地、生态景观、休闲娱乐"于一体的生态园。11年来，已经建成城市森林、铁人生态园等76个"城市后花园"。沿着"三纵三横"的城市主干道，植树种草、绿化美化，建设生态景观大道。贯通东西主城区的世纪大道，两侧绿化带宽度都在50米以上。大规模植树造林，堵西北风口，建百里城防林，11年来，全市造林、封山育林、造林成效显著，森林覆盖率由2000年的7.2%提高到11%。以严控排放为重点，净化气环境，让大庆的天更蓝。治理超标排放企业80多家，淘汰落后工艺设备，爆破拆除龙凤13.3万千瓦发电机组，取缔"小锅炉"、"黑烟囱"1 500多处，全市空气质量优良天数多达360天。使大庆成为全国为数不多能够真正看到蓝天白云的重工业城

市之一。到 2011 年，全市高污染企业清洁生产达标率超过 50%，单位 GDP 能耗降到 0.9 吨标煤／万元以下。

二、实现可持续发展，必须探索生态经济实践，追寻资源节约型和环境友好型发展模式

经济发展与环境保护的矛盾，始终是摆在大庆人面前而又必须处理好的一个重大课题。在创建百年油田、建设石化基地、发展新兴接续产业的同时，致力于探索资源节约型和环境友好型发展模式。一是破解石油开采与植被保护的矛盾，建设绿色油田。为了恢复油田植被，大庆油田公司投入 1.7 亿元，启动建设北起采油三厂、南至采油五厂的百里绿廊带，把大庆油田的中心采油区建设成花园式产能区。同时，全面启动绿色油田工程，油井打到哪里，绿化就跟进到哪里，并对老井位进行全面绿化美化。不久的将来，一个井位就是一个景点，整个产能区就会成为绿色的美丽油田。二是破解石化基地建设与节能减排的矛盾，打造清洁化工。一般认为，大石化必然是大污染。大庆有石化企业 500 多家，年加工原油 1 500 多万吨，生产化工产品 500 多种，主营业务收入近 800 亿元。在努力把石化产业做大的同时，确保把污染降低到最小。石化公司投资 5 亿元建设了化工废水生化处理回用等项目，大企业忍痛关停了林源炼油厂等落后生产装置，炼化公司采用清洁生产技术改造了 40 多套生产装置，目前全市重点化工企业排放达标率在 95% 以上。三是破解壮大地方工业与保护生态环境的矛盾，发展园区经济。划定工业发展区域，建设园区发展平台，集中处理污染废物，分类摆放工业项目。自 2000 年以来，建设工业园区 20 个，入驻企业 1 200 多家，2011年全市工业实现增加值 2 996.1 亿元，同比增长 10.3%。在地方工业保持高速增长的同时，通过在园区内集中建设污水、垃圾处理设施，

实现了经济效益与生态效益双赢。四是破解发展大畜牧与恢复大草原的矛盾，做活草经济。大庆是畜牧大市，奶牛存栏 35 万头；大庆也是乳肉加工大市，有伊利、妙士、金锣、馋神等多家龙头企业。为了保护好 1 000 万亩宝贵的草原，从 2002 年开始，连续实行全面禁牧。一边是畜牧业的大发展，一边是"寂静"的大草原。大庆"采草饲养、舍饲精养、禁牧复草、休养生息，以草经济带畜产业"的做法得到了省里和国家的充分肯定。五是破解有限资源与无限发展的矛盾，开发环保产业。发展风力发电，前期 5 万千瓦的瑞好风力电场正在建设；开发地热资源，正在规划建设的"北国之春梦幻城"，建成后将是东北地区最大的温泉休闲旅游胜地。依托大庆生态景观资源、石油石化工业资源、大庆精神和铁人精神文化资源，发展生态旅游、工业旅游和红色旅游，形成独具特色的大庆旅游品牌。利用大庆被确定为国家服务外包示范区的重要机遇，努力把"零污染"的服务外包业做大做强，成为大庆接续产业的重要力量。

三、实现可持续发展，必须塑造生态城市特质，按现代自然的理念建设城市

1979 年才正式建市的大庆，在矿区的基础之上、在林立的油井之中、在秀美的百湖之间，建设一座什么样的城市，一直在探索和实践，初步形成了"现代自然"的建设理念。现代，就是规划设计体现时代特点、质量层次体现国际标准；自然，就是人与自然和谐、城与生态相融，在保持和恢复原生态的基础上建设现代都市。认真研究大庆实际，充分借鉴国内外经验，聘请名院名家共商，确定了"组群组团布局、快速通道相连、绿色空间相隔、湖泊水系相通"的规划建设总思路，既克服了"大城市病"，又突出了大庆特色。追求畅通和效率，规划和建设立体交通体系。世纪大道、中三路、南三

路三条横路，萨大路、东干线、西干线三条纵路，都按双向六车道以上标准规划建设，5 000 多公里的城区公路四通八达，24 座立交桥确保重要交通节点畅通无阻，初步形成了纵横交错的城市交通骨架。已经投入使用的肇源江海联运港口、正在建设的萨尔图民用飞机场、已经立项的大庆大广高速大庆段和哈大齐城际铁路，使大庆与哈尔滨、齐齐哈尔、绥化，以及吉林松原形成 2 小时经济圈，拉近了与世界沟通的距离。注重功能和品位，高标准建设人文景观。近几年来，铁人王进喜纪念馆、油田历史陈列馆等浓缩、承载大庆历史和精神的展馆相继建成，歌剧院、博物馆、图书城、青少年科技活动中心等一大批文化功能性项目投入使用，铁人广场、乘风广场等一个又一个规模较大、水平较高的"城市客厅"走近市民生活，像时代广场、油田广场都在 100 万平方米以上。同时，引进提升大庆石油学院、八一农大等 7 所大学，各类科研院所 91 家，城市文化品位明显提升。满足宜居和需求，不断提高人居环境质量。在努力建设好公共生态环境的同时，重点改善市民居住条件。2000 年以来，新建住宅 1 000 万平方米，改造老居住区 1 700 万平方米，改造棚户区 185 万平方米，市区人均住宅面积 35 平方米。大庆先后获得联合国迪拜改善居住环境良好范例奖和中国人居环境范例奖。

四、实现可持续发展，必须强化生态建设保障，形成长效机制和社会氛围

近年来，积极开展与生态环境密切相关的系列创建活动。1999年，大庆成为内陆第一个"国家环保模范城市"；从 2000 年开始，提出并实施"生态市建设"战略；1998 年提出创建卫生城市，2008年成功获得"国家卫生城市"；2006 年提出创建全国文明城市，创建活动正在全市城乡深入开展、有序推进。通过一系列活动的实施，

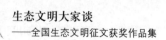

集中了全市各界力量共同投身环保建设，增强了市民爱护自然、保护生态的素质和意识，改善了城市环境，提升了城市魅力。环境保护和治理的投入持续增加。金钱有价环境无价，生态保护不管花多少钱都值得。通过政府财政、石油石化大企业、向上争取、金融贷款等多种渠道持续加大环保投入，到2015年环保投入将占GDP的3.5%，不断扩大生态保护成果，让大庆的湖水更清，让大庆的天空更蓝。建立环境优先的工作机制。全市20个工业园区全部实施区域规划环保，严格项目环境准入，采取环评前置、环保公示等办法，有效控制了新污染源的产生；采取老污染源治理措施，对重点行业、重点企业实施污染综合治理，相继建设了油田公司含油污水生化处理站等180多个废水、废气和固废处置利用项目，全市工业废水排放达标率稳定保持在95%以上。形成全民参与的舆论氛围。积极通过各种媒介，开展全民环境教育，市民环保意识不断提高，形成了"大家共建美好环境，美好环境大家受益"、"爱护环境光荣、破坏环境可耻"的良好社会风尚。

传统文化中的生态文明

聊城大学环境与规划学院　陈永金

自工业革命以来，人们对自然资源的利用深度和广度迅速增加，对自然生态系统的破坏日益严重，尤其是伴随着人口的激增和迅速发展的城市化运动，各种资源日益枯竭，大量的湿地、森林生态系统被转变成农田、工厂或城市，而农业活动中过量使用的化肥、农药又对土壤和水体造成污染，从而导致生态退化和生物多样性的降低，人类也面临岌岌可危的境地。党的十八大将生态文明建设作为国家战略，也将人类文明发展推进到继原始文明、农业文明和工业文明之后的新阶段。

中国传统文化中"天人合一"思想是世界最早处理人地关系的典范，儒家、道家等学派学说中对尊重自然规律，合理利用自然资源和保护生态环境的思想对生态文明建设都具有重要参考价值。中国五千年文明中的生态文化思想包括以下几方面：

一、正确认识人与自然的关系

人类是自然的产物，是地球生态系统发展演化的结果。在人类诞生之前地球已经存在了 46 亿年，而人类的历史不过区区百万年。如果把 46 亿年换算成一年的话，人类的产生是一年最后一天的 23 点 59 分的事情。作为最智慧的生物人类依靠血缘关系组成了氏族公社，组成了社会，开始了人类社会文明史。人类社会文明史的核心是人地关系，从原始社会对自然环境的完全依赖到工业革命后对自然环境进行的天翻地覆的改造，人类对自然规律的认识不断深入。但不管人类文明发展程度多高，科学技术多先进，都无法改变人类只是地球生态系统的一个组成部分的事实，人永远不能成为自然的主宰。儒家学派提出的"天人合一"思想正是人地关系的准确定位，这种思想观点也是道家思想的核心。当前，人类面临的一切资源、环境与生态问题都是没有处理好人地关系所使然。

二、尊重自然规律，保护自然资源

　　荀子认为，源沼川泽，谨其时禁，故鱼鳖犹多；斩伐养长，不失其时，故山林不童。有渔有禁，才有捕不完的鱼虾；有伐有种，才有用不完的林木。在中国传统文化中有很多合理利用资源的告诫，《吕氏春秋》有：仲春之月，无焚山林；《逸周书·大聚》也有：春三月，山林不登斧，以成草木之长，夏三月，川泽不入网罟，以成鱼鳖之长。《礼记·月令》也说：孟春之月，草木萌动，禁止伐木，毋覆巢，毋杀孩虫。例如，当前大棚蔬菜通过保温措施，在不适宜蔬菜生长的季节生产蔬菜，为满足人们的蔬菜需要作出了贡献。但另一方面，在大棚内，蔬菜长了一茬又一茬，土地从没有歇息的时候，地力被用尽，只好用化肥用激素来催植物生长，人吃了这样的蔬菜非但没有多少营养，反而会带来对身体的危害。自然条件下，作物种植是不喜欢重茬的，这样可以使喜欢某种作物的虫子因失去环境而消亡。现在大棚里一茬茬种的都是相同的蔬菜，温度又大都保持在较适宜的水平，虫子能不肆虐吗？所以，药的用量越来越多，毒性也只好越来越大，人吃了这样的蔬菜能健康吗？

三、维护生态系统多样性

战国时期成书的《周礼》将国土划分为山林、川泽、丘陵、坟衍（平原）和原隰（湿地）物种类型，这是最早的陆地生态系统的分类。《管子·地员》进一步指出渎田、丘陵、山地等不同地带的土地生长不同的植物（生物），不同生态系统具有不同功能。就是由于对各种生态系统的功能认识不足，简单地认为只有耕地才是我们需要的，很长一段时间以来大量砍伐森林、破坏草原、围垦湖泊，导致生态系统的简单化和功能的退化。

以湿地为例，湿地被称作地球之肾，具有调蓄洪水，调节气候，净化水质，维护生物多样性以及科研休闲等多重功能，是地球上生产力最高的生态系统类型。然而，中国第二大湖泊湿地洞庭湖在明清时期的面积达 6 000 多平方公里，新中国成立前缩减到 4 000 多平方公里，而到 20 世纪末仅剩下 2 700 平方公里。这种急剧变化导致湖泊湿地功能的下降，带来诸多生态问题。其实，古人对不同生态系统的功能以及合理利用早就有成熟的观点：水处者渔，林处者采，谷处者牧，陆处者田，地宜其事。意思是，居住在江河湖海之滨的人可以从事渔业，家在山林地区的人可以从事林业，山间谷地的人从事牧业，平原地区的人可以从事农业，不同类型的土地（生态系统）有其适宜的产业，如果强行都进行农业生产活动，不仅不是科学发展，反而是资源的浪费和生态环境的破坏。

四、善待自然，节约资源

道家创始人老子说，俭，故能广。意思是只有平时俭省，不过分追求物欲，生活才能安定富足。荀子也说过，强本而节用，则天不能贫；本荒而用侈，则天不能使之富。我国虽然面积辽阔，资源

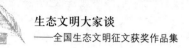
丰富，但如果均分到 13 亿人的头上，则居世界后列。因此，需要合理开发利用自然资源，不涸泽而渔，不焚林而猎。在使用这些资源的社会，要提倡勤俭节约，反对奢侈浪费。遗憾的是，当前还有相当多的人好大喜功，贪慕虚荣，吃饭时满桌好酒好菜，没吃几口就统统倒掉；政府机关，明明没有多少人，却要建一座豪华办公楼；每天上班，步行也就几分钟路程，却买来高档车出入。

综上所述，在生态文明建设过程中要善于吸收中华传统文化中有关人地关系、资源开发利用与保护的思想，借鉴古人经验，善待环境，尊重自然规律，维护地球生态系统的多样性，为实现人类社会的可持续发展作出积极贡献。

环境心理学在生态文明建设中的

作用和责任

北京林业大学　田静　吴建平

党的十八大报告指出，建设生态文明，是关系人民福祉、关乎民族未来的长远大计。要坚持节约资源和保护环境的基本国策，为人民创造良好生产生活环境。与环境保护相关的心理和行为研究是环境心理学的重要研究领域之一，因此环境心理学在生态文明建设中起着不容忽视的促进作用，理应为我国的生态文明建设作出贡献。

一、环境心理学的研究目的和任务

环境心理学是在西方社会于 20 世纪 70 年代随着生态和环境问题的恶化而逐步兴起的、一门环境科学与心理学交叉的、关注人与环境相互作用和相互关系的新学科。

环境心理学从研究噪声入手，分别对个人空间、拥挤和人类的关系、城市发展和城市规划等问题进行研究。其目的是了解个体如何和环境相互作用，进而利用和改造环境，以解决各种因环境而产生的人类行为问题。

因此，环境心理学研究的主要任务是：自然环境和社会环境的概念，不同环境中心理学原理和各种环境状况中人的心理现象和对环境的知觉；环境物理量和环境心理量之间的关系(环境与人的思维、情感、意志、个性等的相互关系）；环境对人的心理和行为的作用规律，其中包括自然环境（如噪声、温度、风向、气候、空气的污染）和社会环境（如个人空间、地域观念、社会风气、社会文化、人际关系）的影响；环境联想对环境意识与心理的影响，以及环境污染中心理变化对人体信息传递、工作效率等的影响；人们在不同环境条件下如何进行心理自我调适，以适应和创造一种有利于个体发展的环境即对环境的反馈作用。

二、环境心理学在生态文明建设中的作用和责任

（一）环境心理学研究与生态文明的关系

环境心理学的产生和兴起与生态文明的提出背景，都是传统的工业发展模式以及人类对自然资源不合理的开发和利用等原因引起了各种生态和环境问题，危及人类的正常生活和发展，最终目标都是为了营造良好的居住和生活环境，使人类和自然能够和谐相处。

从总体来看，环境心理学的各项研究能够为生态文明建设提供更多更好的方法和思路，如果将其研究成果应用到生态文明建设的各领域中势必会起到事半功倍的作用。而随着生态文明的提出，也拓宽了环境心理学的研究视野，使环境心理学的研究领域更加宽广，势必会掀起一轮环境心理学研究的热潮。

（二）环境心理学中与生态文明相关的研究领域

1. 亲环境行为

所谓亲环境行为是指所有对环境产生较少负面影响的行为，如随手关灯、回收、采用可持续的出行方式等。亲环境行为的研究国内较少，大多集中在国外。研究发现，尽管世界各地的人们对生态和环境问题有着较高程度的担忧，但真正去践行的亲环境行为的却相比之下少之又少。主要是因为很多亲环境行为面临着集体获得的

长期受益与个体获得的短期受益之间的冲突，而且很多亲环境行为并不会起到立竿见影的效果，需要长期的、不间断的持续努力。而某些破坏环境的行为（如乱丢垃圾）或者如果个体不践行某些亲环境行为（如不节约用水），也不会立即在自然生态和环境系统中体现出来，对于集体的危害表现出了时间上的延迟性和空间上的不确定性，因此降低了个体所知觉到的危害性。

2. 环境风险认知

研究发现，人们对于高或低风险的知觉，会影响他们破坏环境行为的愿望，也影响他们从事有助于保护环境的行为的意向。普通大众知觉到的风险与专家评估的风险水平存在着显著的差异，可能更高，也可能更低。如果该环境风险与人有关的活动显得是不可控的、不公正的、灾难性的、不了解的、可怕的和可能影响下一代的，则知觉到的风险倾向于更高，如人们对于和能源的风险认知就是这种情形；如果该环境风险与人们相关的活动似乎是自愿的、个体的、非全球灾难性的、易缓解的和对下一代的威胁小的，则知觉到的风险倾向于低，如人们对食物防腐剂以及乱丢垃圾的风险认知。

3. 促进公众环保行为的心理干预技术和策略

环境心理学家们用来促进公众环保行为的心理干预可以分为先行策略和后继干预，取决于干预发生在目标行为发生之前还是之后。

（1）先行策略

先行策略发生在它所要改变的行为之前，在很多情况下，首要目标是改变态度。主要的干预策略有：进行环境教育以改变态度，环境教育是人们明确什么范围内的问题属于环境问题，环境问题的实质是什么以及做出什么样的行为可以缓解环境问题。通常教育可以顺利地使人们的态度朝保护环境的方向发生改变。

但是，大部分研究显示，简单的教育对节能、废品回收和垃圾

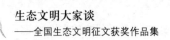

处理等并没有很显著的影响，这可能是因为环境教育也是一项要从小抓起的，需要政府、教育和大众传媒共同努力长期系统性工作，单凭短期的通过发放宣传册的方式效果甚微而且行为保持时间有限。

还有一种先行干预策略即各种各样的提示，如宿舍走廊中的"人走请关灯"的提示牌等，研究发现，这些提示只有在正确的时间、恰当的地点而且提示所要求的行为很容易付诸行动（提示明确、具体）时，才会起到有效的作用。

（2）后继干预

后继干预发生在目标行为被观察到之后，这些策略包括强化技术和反馈。强化技术分为：正强化、负强化和惩罚3种。而反馈就是简单地提供有关人们是否达到环境目标的信息。对于调整能源消费结构来说，反馈是一个好方法。研究显示，能源消费越频繁，节省就越多。

（3）其他策略

关于公众困境的研究提示，将某些公共资源划分为领域可能是有帮助的，虽然并不总是行得通。增加交流和信任、培养趋近的吸引力以及培养群体认同也是有价值的策略。

措施与行动

山东省作家协会　有令峻

　　每个人都希望自己所居住的城市像田园一样美丽、美好，空气清新，环境整洁，鸟语花香。在山东，威海的城市环境特别好，威海曾被评为世界上最适宜人居住的城市之一。10月朋友还拉我去了一次威海，真乃流连忘返，乐不思归。但相比之下，国内许多的城市并不是这样，声音噪杂，遍地垃圾，空气污浊。

　　笔者认为，除了政府现在运作的建设生态文明城市的一些措施以外，还有3方面需要加强和完善。

　　一是环境卫生。大城市的核心区卫生还可以，也因为这些区域上级领导人物经常路过，太脏太乱了，给领导印象不佳。但郊区的卫生就不敢恭维了。老百姓开玩笑说，主要是这里领导不来，领导多来几次，这里也就干净了。

　　二是树太少、草太少。应在空闲处多种树，多种草。特别是种树。专家说，一棵树产生的氧气，抵得上一大片草坪。况且，树是向上生长的，还不占多少土地。树和草，既吸收二氧化碳，排出新鲜氧气，夏天还可以降低城市的温度。

　　三是留住雨水。中国在世界上是一个严重缺水的国家。一方面缺水；另一方面，下了雨雨水留不住，白白地流走了。到了旱季，又要花很多钱买柴油抗旱，成了恶性循环。笔者所在的这个城市，有天下第一泉，泉水旺时，每天流出20万立方米。但这些水只有一小部分流入了一个湖，大部分都流走了。以平均每天流走 10 万立方米计，一年也要流走 3 650 万立方米了，相当于一个小水库，实在是可惜。

此外，马路边高架桥下种了许多的树，多数是冬青、黄杨之类的灌木，园林工人经常开着洒水车浇灌它们。但这些种树的草坪树坪均高于马路，还有马路牙子挡着。下了雨，只有一小部分马路牙子低一些的地方，水能流进去。多数的雨水被挡在高出地面七八厘米的马路牙子外边，哗哗流到地下道里去了。如果栽树的树坪比马路低一些，或从高架桥上的排水管流下来的水，排到树坪里，不就大大地节约了园林部门的车力人力？

如今，有的城市推行了一种渗水砖，在人行道等需要硬化的地方，铺上渗水砖，可以留下许多雨水，既可以提高地下水的水位，还可以为树木生长提供水源。总之，为了改善生态环境，希望这种渗水砖能大力推广。

笔者也有这方面的实践和感受。笔者曾在一楼住过，前边有一个十几平方米的小院。院里原有的无花果树、香椿树，养护得生机勃勃。无花果每年能结 60 多个，又大又新鲜又甜又清香。香椿芽能掰三茬，炒鸡蛋非常好吃。我们还把香椿芽送给邻居。树上常有啄木鸟、黄雀等漂亮的鸟儿来栖息玩耍。

笔者栽了一棵菏泽牡丹名花葛巾紫，种到第 5 年上开 9 朵大花，漂亮极了。笔者在墙边挖了一条沟，把土里的砖块、石块捡出来，埋上院外大树落到院里的柽柳、法梧桐树叶（也不用焚烧，不用去倒到垃圾箱里），种上丝瓜、扁豆、苦瓜、吊瓜，每年都结很多，绝对的纯绿色蔬菜。扁豆那长长的蔓子一直爬到二楼上去。到了初冬，再把沟里的土挖出来，底下填上树叶。

如此几年下来，树叶沤烂了，变成了腐殖质，原先那混有石灰、水泥建筑垃圾的土，都变成又松软又黑油油的沃土了。晚上，院子里还常有黄鼠狼、小刺猬、野猫来光顾，野猫白天也来。这就是生态平衡、良性循环。还有一句话叫成事在天，事在人为。

所以笔者认为，小到一个人，一个家庭，大到一座城市，一个国家，要建设都市田园，绿色家园，一是要有科学的切实可行的措施，二是必须付诸行动。有了措施，没人去实施，一切都等于零。

行动起来吧！

海南中部山区如何实施生态补偿

海南省委党史研究室　　陈波

党的十八大报告指出，建设生态文明，是关系人民福祉，关乎民族未来的长远大计。必须优化国土空间开发格局，加大自然生态系统和环境保护力度，加强生态文明制度建设。这对海南生态文明建设提出了新的目标和要求。如何较快地提升海南省的经济实力，同时保持生态质量在全国处于领先水平，是一个值得深入研究的重大问题。

一、中部山区生态补偿关乎整个海南的和谐社会建设

从生态文明的角度来看，中部山区生态补偿有助于生态省战略的顺利实施。作为涵盖于生态省战略之下的"一省两地"产业发展战略，仰赖于讲求节约和保护的"绿色开发"。问题是，人们既不能为了发展而破坏环境，也不能因为担心环境问题而停止了发展。生态省建设的提出，从战略的层面解决了这个两难问题。但由于利益等诸多方面的缘由，这些年海南还是屡屡发生生态破坏的情况。因此，除了加强法律约束和法治教育外，还需建立起完备可行的生态补偿机制，促进中部山区经济发展方式的转变，走可持续发展的道路，实现人与自然和谐相处。

从社会转型的角度来考虑，中部山区生态补偿有助于平衡社会心理。当前我国的社会转型出现了一些新的特征，利益主体多元化

现象日趋强烈，城乡就业压力持续增大，民众对政府履行公共服务职能有了新的要求。随着经济社会的快速发展，海南这块得天独厚的净土必将面临愈来愈多的环境问题。部分领导干部"有认识无能力，有想法没办法"，对如何处理经济发展与环境保护关系问题束手无策，无形中加重了社会心理的失衡。在中部山区短时期难以快速发展的现实情况下，有必要尽快实施综合性的生态补偿，对其生态保护乃至群众生产、生活给予补偿，缓解其困境，疏解其心结，更好地发展当地的社会事业，促进整个社会的和谐。

从社会公平的角度说，中部山区生态补偿有利于民族团结。目前提出生态补偿较为强烈的是中部地区的民族自治县。现在提出建设生态省，对中部山区提出有利于全省可持续发展的产业限制和环保要求，是非常迫切的。但考虑到广大少数民族群众在中部山区世代居住和艰苦开发的历史情形，以及今天生产生活的现实状况，给予他们适当的生态补偿是十分必要的，也是深得民心的。只有这样，才能真正实现海南社会的整体公平，维护民族团结，促进社会长期和谐稳定。这也应当是检测转变政府职能、建设服务型政府的一个具体标尺。

二、对海南中部山区实施生态补偿的若干建议

（一）尽快出台中部山区生态补偿条例。2006 年，海南出台了《海南省省级森林生态效益补偿实施方案》，并配套制定了《海南省生态转移支付办法》，每年安排 2 000 万元左右的资金补偿中部山区及重点生态公益林。这虽然不是严格意义上的生态补偿条例，但也足以说明省政府对这一问题的高度重视。

然而，要完善的地方还有很多，首先，这个方案局限于省级森林生态效益补偿，没有涵盖整个中部山区的生态问题。比如，产业

限制造成的机会损失问题，污染防治问题等。

其次，就是没有上升到法规条例的层次，强制性不足，给各级政府部门落实方案带来许多不便。建议尽快出台《海南省中部山区生态补偿条例》，以法规的形式规定各级政府部门在生态补偿方面的职责、补偿的范围、原则、资金的管理、受益者的权益和责任等。

（二）建立政府主导、多方投入的生态补偿机制。从国际和国内情况看，生态补偿都应当主要由政府来承担。从补偿实施的方向来看，政府必须进行横向的协调和纵向的监控，这是一般社会组织难以施行的公共权力。从补偿的手段来看，财政转移支付是最为可靠的资金来源。所谓政府主导，包含两个方面的含义：一是补偿主要由政府来实施；二是资金主要由财政支付。但主导并非包办。应当在全社会树立生态文明观念，发动全社会来支持和参与生态补偿。

一是建立省、市（县）两级生态补偿性转移支付体系。海南岛是一个相对独立的地理单元，其生态循环系统十分脆弱，不管居住在哪个区域的人群，他们的生产生活行为都对整个海南岛的生态环境产生不同程度的影响，发生交互作用。全岛居民的利益是相关联的。从内在利益统一性的角度看，生态补偿资金不存在谁多得或谁白得的问题。

二是设立全省统一的生态补偿基金。先由省级财政投入启动资金，再发动企业、社会组织和个人捐助，不断增大基金规模。同时，争取中央财政的支持，还可以考虑沿海市县按一定的比例缴纳生态补偿金。

（三）鉴于海南中部属于生态功能区、少数民族聚居地、贫困山区的叠合区域，建议政府部门在考虑生态补偿的测算依据时，除了正常的范畴（主要指生态建设项目、产业结构调整、环保基础设施建设、农业污染防治、乡镇环境卫生）之外，将中部地区居民收入水平作为系数纳入生态测算的范畴，以直接支付的方式，对中部生态功能区的干部群众给予货币补贴，减小中部地区居民收入与沿海地区的差距。

（四）研究运用市场机制实施生态补偿。在统筹制定中部山区产业结构规划时，可以考虑由中部市县在沿海市县开发区或园区投资办厂或投资入股，税收给予返还。

（五）在适当的时候，采取行政区划调整的手段，打通中部山区市县的出海口。譬如，将儋州市所辖的海头镇划归白沙黎族自治县管辖，将三亚市的海棠湾镇划归保亭黎族苗族自治县管辖，将万宁市的南桥镇划归琼中黎族苗族自治县管辖，以期拓宽中部山区的发展空间。

（六）为了使生态补偿获得良好的群众基础，应逐步增加对中部山区用于公共服务的财政转移支付，使当地居民享有均等化的基本公共服务。

坚持绿色发展　建设生态文明

北京市密云县生态建设办公室　周广文

密云县位于北京市东北部，是首都重要的生态涵养发展区和饮用水水源地。为保护首都"生命之水"，密云县坚持绿色发展理念，不断加强生态环境建设，加快发展生态经济，提升人居环境水平，强化公众生态文明理念，探索出了一条具有水源区特色的生态文明建设之路。

一、坚持绿色发展理念，不断完善生态文明建设思路

围绕保水，密云县的发展思路始终坚持绿色发展、科学发展，在实践中、在解放思想过程中实现了 3 次理念上的升华。

一是于 1988 年，制定了《密云县 1989—2000 年经济社会发展战略》，提出了奉献与补偿、权利与义务相统一的"北京要喝干净水，密云人民要富裕"的指导思想，勾画出发展战略重点。

二是于 1999 年，提出实施《新世纪首都水源区发展战略》，选择了环境立县、引进强县、科教兴县、依法治县的发展道路，确立了举保水旗、吃环境饭的区域特色发展理念，并以国家级生态示范区、国家生态县创建为载体，促进经济社会全面发展。

三是自 2009 年以来，确立了密云生态涵养发展区工作方略，明确阐明了保护、发展、富民三者之间的关系：前提是保护环境，核心是加快发展，根本是促进富民。并先后提出了经济建设努力走在

全市 5 个生态涵养发展区前列、社会建设努力走在全市郊区前列、生态建设努力走在全国前列的"三个走在前列"奋斗目标和建设"绿色国际休闲之都"的发展定位。

二、以保护水源为重点，持续强化生态环境建设与保护

北京是一个严重缺水的城市，应始终把保水放在突出位置，从讲政治、讲大局的高度，不断强化生态建设与保护。

一是加强管护工作，保护生态环境。成立密云水库保水协调委员会，组建水库联合执法队、镇村保水巡查队，形成"横到边、竖到底、全覆盖"的保水防控体系。综合运用行政、法律、组织、舆论、科技和群众等工作手段，严厉打击私挖盗采。创新建立了护水、护河、护山、护林、护地、护环境的"六护"机制，积极推行网格化管理，整合 1.5 万余"六护"人员进入网格，定岗定责、一岗多责，全方位管护生态环境。

二是开展工程治理，强化生态屏障。持续推进京津风沙源治理、小流域综合治理、河道整治、地貌恢复等生态工程，提高生态涵养能力。大力实施绿化美化提升工程，加强主要道路两侧、重点区域、重点景区绿化美化，重点推进"六路一口一园"绿化工程，形成了良好的植被、水库、绿色廊道景观生态系统。

三是运用科技手段，巩固生态建设成果。大力推行生物综合防治，特别是赤眼蜂防治农林病虫害技术在全国领先，每年可节省化学农药 170 余吨。积极推广测土配方施肥技术，加快推进循环农业建设试点，大力实施环密云水库面源污染示范工程建设，防止农业面源污染。

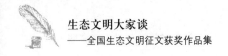
三、大力发展生态经济，加快生态优势向发展优势转化

密云县多年保水造就的优美环境已成为密云快速发展的后发优势。近年来，以环境为依托，加快生态优势向发展优势转化，坚持走绿色高端高效高就业的产业发展之路，着力培育四大产业。

一是重点发展环境友好型工业。把密云县经济开发区作为县域经济发展的重要增长极，以开发区为龙头，集中力量做大做强，严格招商准入标准，坚持绿色招商，重点引进占地少、投入大、产出高、环境友好的绿色产业项目。

二是突出发展休闲旅游业。立足旅游资源禀赋，以古北水镇、房车小镇房车营地等高端项目为引领，全面推进国际绿色休闲旅游产业综合示范区建设。将"一个民俗村就是一个乡村酒店"的理念和"规范化、标准化、组织化、网络化"广泛深入地植入民俗旅游发展中，着力把休闲旅游业做成特色产业。

三是优化发展都市型现代农业。逐步构建了"三个三"的现代农业发展格局：以奶牛、肉鸡和柴鸡、蜜蜂为主的生态养殖业；以板栗、苹果、梨为主的绿色林果业；以无公害蔬菜、有机杂粮、花卉为主的特色种植业。

四是高标准规划建设密云生态商务区，积极发展总部经济。在发展定位上，与CBD、金融街等差异化发展，着力建设"山水商务、田园总部"商务区。在产业方向上，重点发展总部经济和高端商业，着力引进新进的世界500强和具有成长性的创新型企业总部、休闲旅游企业总部、绿色节能环保企业总部以及高端商业项目。

四、着力改善人居环境，不断提升生态人居建设水平

提升生态水平、改善人居环境质量是改善民生的重要内容。坚

持城乡统筹，加大新农村建设力度，不断改善城乡人居环境，加强生态人居建设。

一是构筑功能合理的城镇体系。积极推进城市化进程，着力提升城镇的人口和经济承载力。以基础设施建设为重点，以产业发展为支撑，以城镇管理体制和机制创新为保障，逐步提升密云城镇化水平，形成了城乡协调、特色鲜明、优势互补的"一城、六重点镇、九特色镇"城镇体系。

二是积极推进老旧小区改造。每年将老旧小区改造列入政府为民拟办重要实事，通过老旧小区改造工程，从根本上解决了基础设施老化、居住环境差等问题，计划到2015年，基本完成城区老旧小区改造。

三是扎实推进新农村建设。全面完成了农村道路、供水、污水、户厕改造和垃圾处理"五项基础设施"建设，让"农村亮起来、农民暖起来、农业资源循环起来"的"三起来"工程成效显著，农村的生产生活条件明显改善，涌现出蔡家洼、司马台、阁老峪、史庄子等一批新农村建设的典型。

四是大力实施农民安居工程。从2011—2014年，有计划、有步骤地将居住在泥石流易发区及河道两侧容易遭受洪水侵袭地区的农民，搬到本行政村较为安全的区域，对符合条件的农村社救优抚对象的危旧住房进行改造，确保农民居住安全。

五、强化公众生态理念，广泛开展群众性生态文明宣传活动

按照生态文明观念在全社会牢固树立的要求，广泛开展群众性生态文明宣传教育活动，在倡导低碳环保理念、引导群众绿色生活方面实现了"三个率先"。

一是率先启动绿色出行。结合《绿色北京行动计划》，2010年4月，

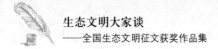

在北京市率先启动了以"世界北京、生态密云，绿色出行、密云先行"为主题的绿色出行活动，积极倡导绿色低碳的出行方式。

二是率先推行低碳旅游。在京郊率先推出了"低碳旅游密云先行——密云推出低碳旅游倡议行动"，建设北京市首个低碳旅游试验区，积极探索都市生态涵养区旅游发展新模式。

三是率先推广志愿服务。成立了北京市郊区首家志愿者联合会，7万余名志愿者活跃在经济、社会、生态建设三大领域，形成了"全社会、多领域、多层次、长效化"的志愿服务模式。

浅谈文化与生态文明的相互效应

山东农业大学经济管理学院　朱婕

党的十八大报告提出，要大力推进生态文明建设。建设生态文明，是关系人民福祉、关乎民族未来的长远大计。面对资源约束趋紧、环境污染严重、生态系统退化的严峻形势，必须树立尊重自然、顺应自然、保护自然的生态文明理念，把生态文明建设放在突出地位，融入经济建设、政治建设、文化建设、社会建设各方面和全过程，努力建设美丽中国，实现中华民族永续发展。

一、建设生态文明的必要性和紧迫性

当前，从全球来看，气候冷热急骤、狂风暴雨极端天气频现、土地沙化、水土流失、干旱缺水、洪涝灾害、物种灭绝等生态危机已经严重地影响到人类的生存和发展，对人类文明的延续，对人类的生存和发展构成了严重的威胁。

我国人口众多，自然资源相对比较稀缺，经济高速发展，生态负荷日益加重，生态问题已经成为制约我国经济社会发展的重大、最大的"瓶颈"。建设生态文明成为实现科学发展的急迫任务。为维护全球生态安全、可持续发展必须建设生态文明，化解生态危机。

二、什么是生态文明

生态文明是以人与自然和谐共生为核心价值观，以建立可持续

273

的生产方式、产业结构、发展方式和消费模式为主要内容，以引导人们走人与自然和谐发展道路为基本目标的文化伦理和意识形态。生态文明不仅吸收人类以前的先进文明成果，也深刻反思工业文明牺牲环境的高成本代价。为此，生态文明也称"绿色文明"。

三、文化和生态文明的关系

文化是指一个国家或民族的历史、地理、风土人情、传统习俗、生活方式、文学艺术、行为规范、思维方式、价值观念等。文化是民族的血脉，是人民的精神家园。

文化与文明是紧密相连的，文化是相对于自然、天然、本能状态而言的，文明是相对于蒙昧、野蛮、落后等状态而言的。只有文化达到高度发展，才有人类的文明与进步。

传统意义上的文明是人类所创造的物质财富和精神财富的总和。随着时代的发展，文明的内涵不断扩展，生态文明不仅是与物质文明、精神文明、政治文明相并列的社会某个重要领域的文明，而且是与农业文明、工业文明前后相继的社会整体状态的文明。生态文明涵盖了社会和谐及人与自然和谐的全部内容，是实现人类社会可持续发展所必然要求的社会进步状态。

（一）文化对建设生态文明的促进作用

以生态科学、可持续发展理论和绿色技术群为代表的生态文化，是倡导人与自然和谐相处的观念体系，为人类文化的进步提供了许多新思想、新观念，会引领人类将进入生态文明的新时代。

1. 生态学对建设生态文明的效应

生态学是从系统的高度研究生物与其环境之间相互作用关系的科学，其中的生物包括人类、动物、植物和微生物，而环境则包括自然环境、人工环境以及社会经济环境。让地球人都意识到，即使拥有强大科技手段，人类并不能逃脱作为其生存环境的地球的种种变化对其前途的影响，人类只不过是地球生物圈大家庭的一个成员，而且只能与这个星球同命运、共存亡。人类社会的发展如果不按生态学规律办事，只能带来人类与地球的共同厄运。生态学对建设生态文明的实践具有科学的指导作用。

2. 可持续发展理论对建设生态文明的效应

国家计委、国家科委 1994 年关于进一步实施《中国 21 世纪议程》的意见中将可持续发展定义为，可持续发展是指既要考虑当前发展的需要，又要考虑未来发展的需要，不以牺牲后代人的利益为代价来满足当代人利益的发展。可持续发展就是人口、经济、社会、资源和环境的协调发展，既要达到发展经济的目的，又要保护人类赖以生存的自然资源和环境，使子孙后代能够永续发展和安居乐业。

生态文明是人类智慧的结晶，生态文明建设是一项利国利民、功在当代、泽被后世的伟大事业。生态文明建设融入经济建设、政治建设、文化建设、社会建设各方面和全过程，已经演变成为集政治、经济、社会、文化于一体的综合性课题；可持续发展促进生态文明进步，建设生态文明推动可持续发展，二者相辅相成。

3. 绿色技术群对建设生态文明的作用

绿色技术是以人与自然、社会协调发展为理念、以环境友好自然技术为基础以及与之契合与互动的环境友好社会技术为支撑的技术系统。绿色技术不是只指一单项技术，而是一个技术群。包括能源技术、材料技术、生物技术、污染治理技术、资源回收技术以及环境监测技术和从源头、过程加以控制的清洁生产技术。根据着眼点，绿色技术又可分为以减少污染为目的的"浅绿色技术"和以处置废物为目的的"深绿色技术"。

中国发展绿色技术的主要内容是能源技术、材料技术、催化剂

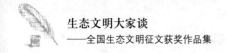

技术、分离技术、生物技术、资源回收及利用技术。绿色技术具有高度的战略性，它与可持续发展战略密不可分，是由相关知识、能力和物质手段构成的动态系统。绿色技术既有科学的强劲推动，同时又有人文的方向指导。

（二）生态文明对文化发展的促进作用

生态文明建设与文化建设的共同目标是处理与解决当代人与当代人、当代人与后代人、人类社会与自然界之间的错综复杂的关系。生态文明包括生态意识文明、生态制度文明、生态行为文明。生态文明建设是文化建设的重要组成部分，文化建设必然涉及人与自然关系的处理；而文化建设又是生态文明建设的重要组成部分，生态文明建设为文化建设提供广阔的舞台，二者相互促进。

但当今的生态文化还跟不上时代的需要，因此，要发挥文化引领风尚、教育人民、服务社会、推动发展的作用，居安思危，增强生态危机意识和生态资源观念，让绿色生产观、绿色消费观、绿色技术观、绿色营销观等生态文化成为生态文明建设的行动指南和精神动力，实现人类与自然的和谐相处。

盛开在掌心的花朵

山东省蒙阴县信用联社　宋尚明

　　我看到他坐在我面前的时候，是本想叫一声大伯的，可当我询问了他的年龄，被他的回答惊了一下。他说自己才58岁，但58岁的他，已是一脸皱纹，满头雪霜。他是我们遇到的第一个林场工人，他那粗壮的手背上青筋涨满，恰似无声地诉说着长年累月植树、养树、护树的艰辛。而热切、沉稳的目光，则洋溢着林业工人特有的自豪与执著。

　　在后来的各地林场，我经常会看到这样一些人，他们从不主动和人讲话，坐在离我们略远的角落，显得有些拘束、沉默。然而，一旦步入森林，他们就又目光炯炯，谈笑有声，仿佛变成了快活的百灵，有山歌的吟唱，有愉悦的吆喝，山涧溪畔，到处活跃着他们矫捷的身影。

　　他们给我们讲解有关种树的经过，教我们认识各种各样的树种，再小或再大的树木，都能说出那棵树的名字。只要是在他们的林场，他们就成了一个计算器、一本教科书，林场里有多少种树，占地有多少亩，每棵树种植的年份、时间，都清楚于心，了如指掌。我从来不知道，原来这里的每棵树，背后还有这么多的曲折故事，有特殊时代的特殊背景，不平凡的经历和身份证明。

　　巡山护林，对他们来说驾轻就熟，条条山路，攀爬登高，曲曲折折，伴着林海涛声，沐着清风明月，方圆数十里的山头，每日不殆，如履军令，敏锐的目光，不放过一点蛛丝马迹，哪怕是只小小的飞蛾，也要看它是否为害虫，能否威胁到树木。他们守护那片林子，有如守护自己的家园，守护自己的阵地。

由于山路遥远，任务特殊，他们几乎足不出山，山外的繁华，对他们来说十分陌生。倒是有些常客，松鼠、野兔，以及各种小动物，在身边活动，悄然注视着他们的一举一动。有的还跳上他们清冷的灶台，像一只林中的"哨兵"，窃窃窥探屋内主人的动静。若是被发现了，便会旋即从高处跳下，一溜烟儿地窜出门去，眨眼就看不见它们的踪影。

看到这儿，他们就会心地笑了。护林看树，本就是维护生态，图个和谐，几只野生动物算得了什么？他们把这些小动物当作是自己的邻居。邻居来了，自当欢迎。有的小动物来得多了，就在他们的领地驻扎，就像《聊斋》里面通些人性的狐子，陪着他们度过林中的漫长时光，迎来无数个日升日落。

他们，有的我能叫得出名字，有的却不能。因为，他们实在是太多太多，在我国的南方、北方，无论走到哪个林场，都有他们守护的身影。一座山林，要有两三个他们，才能调动整个森林的防护工作，连绵百里的林场山头，要由他们时刻不停地巡查，才能完成相当艰巨的任务。

他们守山护林，他们同时也播种育苗，植树造林，为林场增添更多的青绿新幽。他们中有年过七旬的老人，有年富力强的中年人，也有朝气蓬勃的青年人。许多的年轻人，就是这样在漫长的护林工作中变成了中年人、老年人，岁月留给他们的是两脚泥巴，一身尘土，满面风霜。唯有森林公园里枝繁叶茂，葳蕤葱茏，野花烂漫，果实飘香，百鸟啼鸣，才是大自然给他们的丰厚馈赠。

是的，他们有一个共同的名字：林场人，或者，他们有个共同的身份：护林员。

　　有一对佳偶，在嵩山林场，他们也是树木的种植者，山林的守护者。他们驻守在不同的山上，平日里只能隔山相望，倾听彼此的歌声，直到被一片片树林淹没。除此以外，每个月见不上几面。林场的职工都和他们开玩笑，说他们过着牛郎织女的婚姻生活，然而他们却微笑着对人们说，这里远离县城，人烟稀少，工作条件固然很艰苦，但漫山遍野的林子总得要有人来看护。不管多苦多累，他们都能支撑下去，无怨无悔。

　　他们拥有三个家，一个在此山，一个在彼山，还有一个，是孩子跟着爷爷奶奶住着的家，那才是在享受天伦的、山下的家。孩子在慢慢长大，山里的生活艰苦这不怕，怕的是孩子没有学校就近读书。他们唯一的愿望就是让自己的孩子和其他孩子一样，在优越的环境里学到更多的知识，为孩子将来有个好的出路。

　　每到一个林场，我们都会看到，山上的树木茂密森森，绿盖擎天，这些树便是当年的林场职工亲手种植的，绿化是他们的追求，种树是他们的工作，每人每天种多少株树，是他们必须完成的任务。山上土地瘠薄，水源缺乏，每种下一棵树，就要从山下运水来到山上，一瓢一舀浇灌到树下。十年树木，百年树人，年复一年，树终于长大了，坚守岗位的护林员也老了。

　　对他们来说，有三个时节是最令人欢欣的，一个是在春天，阳光温淡，万物生发，植物在这个时候播种，多能萌芽成活；另一个时节是秋季。秋季植树，落叶后，树液基本停止流动，水分蒸发减少，树木易成活，这个时候种树，不会损伤一枝一叶；再一个时节是雨季，梅雨连绵，这个时候种树更容易生发繁殖。然而也就是这个时节，是最让人受累的时候，需要加大种树量不说，为了保证把树种活，还要忍着脚下一步一滑，在光秃的山上抢植抢种。我们所看到的那

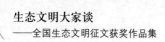

些林场，那些茂密的森林，几乎都是这样用人工镐刨锹挖，一株株种植出来的。

他们的手，几乎看不出哪双是老林场职工的手，哪双又是年轻林场职工的手，满手心的老茧，都变成黄褐色的了。这是被荆棘扎烂了，是被铁锹磨破了，各种迹痕烙印在掌心，仿佛给我们讲述曾经的艰辛。对林场工人来说，这些老茧代表了一个过程，对我们来说，这些老茧代表的是一种坚韧，一种挚诚。老茧如花，每一个手掌之上，都盛开着几朵。

低碳发展是生态文明建设的有效实现形式

四川省广元市环境保护局　张厚美

党的十八大报告中指出，坚持节约资源和保护环境的基本国策，坚持节约优先、保护优先、自然恢复为主的方针，着力推进绿色发展、循环发展、低碳发展，形成节约资源和保护环境的空间格局、产业结构、生产方式、生活方式，从源头上扭转生态环境恶化趋势，为人民创造良好生产生活环境，为全球生态安全作出贡献。

地处嘉陵江上游、中国历史上唯一的女皇帝、封建社会杰出的女政治家武则天出生地的四川省广元市，近年来，按照把广元建设成为川陕甘结合部经济文化生态强市，基本建成大城市和中国西部低碳发展示范城市的目标，认真贯彻落实科学发展观，牢固树立低碳发展理念，坚持以能源结构低碳化、产业发展低碳化和生态建设为主线，大力推进经济社会低碳恢复、低碳发展，探索出一条后发地区发展低碳经济转变增长方式之路。

一、基本做法

在探索后发地区低碳发展道路的进程中，广元市始终以科学发展观为指导，坚持发展是第一要务，坚持人与自然和谐发展，以清洁能源优势为支撑，以能源结构低碳化、产业发展低碳化和生态建设为主线，以技术和制度创新为动力，着力规划政策引导，着力重点领域突破，着力技术创新支撑，努力打造低碳项目投资"洼地"，把广元建设成可持续发展的低碳发展示范城市。

一是着力发展清洁能源，为推动低碳发展提供坚实基础。充分发挥广元天然气资源优势，加大境内天然气勘探开发和就地转化力度，全力加快天然气进县城、液化气进农村、气化全广元进程。加快建设天然气综合利用工业园区。大力支持水电项目建设，到2015年全市水电装机容量超过200万千瓦。利用丰富的地热资源，积极发展地热项目。加快发展农村沼气、风能、太阳能和生物质能，为广元推进低碳发展提供能源保障。

二是着力优化产业结构，为推动低碳发展提供内在动力。抓住灾后重建契机，将三次产业恢复重建和优化升级有机结合，优先发展低碳产业，做大做强清洁能源、农副产品加工、电子机械、新材料等工业板块，大力发展生态农业和林产业，加快旅游、职教发展。坚决淘汰落后产能，震后关闭整合一批小煤矿、炼铁小高炉。加快推进市内35家规模以上企业煤改气，推进高能耗高污染企业优化升级，努力推动产业结构和产业运营低碳化，实现经济发展与生态保护有机统一。

三是着力资源科学利用，为推动低碳发展提供强大支撑。坚持资源开发利用和保护培育紧密结合，充分发挥天然气、水电、农林、矿产等资源优势，坚持就地转化、精深加工、集约环保、集群发展，大力引进海螺水泥、攀成钢、长虹欣锐等技术先进的大型企业，加快循环产业园区建设，促进资源梯级利用、高效利用、循环利用，大幅度提高资源综合利用率，降低资源消耗和环境污染。大力发展天然气、水电、沼气等清洁能源，启动年产50亿立方米的气田开发规划，投资10亿元的"气化广元"项目开工建设。

四是着力生态环境建设，为推动低碳发展提供环境承载。大力推进生态修复和重建，认真实施退耕还林、天然林保护等生态工程，积极创建"国家森林城市"，增加碳汇能力，全面开展城乡环境综合治理，大力推动小区环保、绿色交通、建筑节能、垃圾利用等，着力控制奢侈性排放，努力建设资源节约型、环境友好型社会，以最低的生态成本、最小的资源代价科学发展。在增强森林碳汇能力上，初步建成了以市城区为中心，以水网、路网为连接线，以环城周森林带为圈层，以片区森林为保障的城乡森林生态系统。基本形成了城区园林化、郊区森林化、水系景观化、道路林荫化、庭院花园化的格局。

二、有益启示

　　广元的发展实践证明：后发地区低碳发展，是遵循世界发展趋势，贯彻落实科学发展观的战略取向。当前，在全球气候变化危机、能源危机和金融危机叠加的严峻形势下，低碳发展正逐步成为国际社会的共识。低碳发展不仅有利于缓解气候变暖和能源短缺问题，而且正成为世界经济走出危机、实现新一轮发展的战略增长点，符合世界发展的现实需要，符合人类可持续发展的良好愿望，是实践科学发展观的有力体现。

　　后发地区低碳发展，是发挥后发优势，实现经济社会跨越发展的重要举措。后发地区工业化、城市化起步晚，经济模式和工业体系尚未完全定型，产业向低碳经济调整和转型具有成本低、阻力小、动作快的后发优势。发展低碳经济，大力培育新能源、新材料、新技术等经济增长点，走新型工业化、新型城镇化道路，可以避免片面追求经济增长先污染后治理的弯路，实现经济社会跨越式发展。

　　后发地区低碳发展，是建设生态文明，造福后代子孙的内在要求。后发地区往往具有良好的生态环境。发展低碳经济，加快消除后发地区贫困落后状况，提高贫困人口生活质量和素质，有利于减少生态破坏，减轻环境污染，不仅从根本上保护后发地区的生态环境，给子孙后代留下清新的空气、蔚蓝的天空、洁净的水源，而且有利于所在地区、国家乃至全球可持续发展。

生态文明建设的方法和途径

浙江省杭州市环境保护局　徐青山

　　生态文明是以生态伦理为指导的环境意识和环境理念以及由此形成的生态文明观和文明发展观，前者更多地体现在人们的生产和生活的方方面面，后者较多地体现在一个国家或地区的发展战略上。它是一种人与自然协调发展、和谐共生、保障人类实现可持续发展的文明，以较高的环境意识、持续的经济发展方式、更加公正的社会制度为基本特征。笔者结合浙江省杭州市的实践做法，讨论生态文明建设的方法和途径。

　　如果把杭州的生态市建设看成是生态文明的第一阶段，那么生态型城市建设就是杭州生态文明建设的第二阶段。第一阶段建设的重点是环境基础设施建设，尤其是农村的环境基础设施建设。同时，初步构建起一些基本的机制、制度，如生态补偿机制、排污权交易机制、年度任务督察、通报与考核制度等。笔者认为，第二阶段的建设要在第一阶段的基础上，更加注重以下几方面：

一、改善环境质量仍然是生态文明建设的根本要求

　　目前，杭州市的环境质量离老百姓的要求还有较大距离。到2011年年底，全市大部分地区处在重酸雨区，城区灰霾天气数超过150天，城区降尘高达 6.94 吨／（平方公里·月）。钱塘江和东苕溪两大流域水环境质量功能区达标率还不高，城市大部分河道水质

仍劣于Ⅴ类。局部地区土壤重金属污染、农田土壤污染威胁到区域生态安全和食品安全，大量搬迁企业留下的污染场地亟待整治修复，污水处理厂污泥处置尚未得到有效解决。城区噪声、餐饮油烟废气扰民一直是市民环保投诉的热点问题。城市热岛效应明显，杭州已名列全国过去10年最热的10个城市第2位。因此，未来一段时间，环境质量的改善仍然是生态建设的重点，也是难点；同时还是生态型城市建设的出发点和归宿。

二、构建机制体制是生态文明建设的重要内容

当前杭州的大部分污染企业都分布在钱塘江两岸。而全市80%的饮用水取自钱塘江。一旦这些企业发生污染事故，后果不堪设想。为此，制度建设必不可少。

一是污染企业的环境责任险制度。对一些有重大潜在环境污染事故的企业实行强制环境责任保险。一旦事故发生，由保险公司率先对所造成的生命和财产损失进行理赔。保险费率与企业的历年事故发生情况等环境行为挂钩。这样，一方面，对企业自身的发展和管理有促进作用；另一方面，在中小企业面对巨大的环境污染赔偿时，保险公司可以分担更多的资金负担，从而更好地帮助企业履行社会责任。2008年，环境保护部已在江苏、湖北、重庆等地开展环境污染责任保险试点。随后湖南、上海、昆明也开展了这方面的实践，并取得了很好的效果。

二是环保法庭。由于环境污染对生命健康危害的长期累积性、非直接性和取证的复杂性，一般的法庭对审理这类案件还存在很多的困难，对环境违法分子难以起到应有的震慑。有必要建立专门的环保法庭。2007年11月，贵阳市中级人民法院环境保护审判庭、清镇市人民法院环境保护法庭正式挂牌成立。2008年5月，江苏省无

锡市中级人民法院建立专门的环境保护审判庭。2008 年 12 月，云南省昆明市中级人民法院环境保护审判庭也正式成立。杭州市也有必要尽快建立起自己的环保法庭。

三是环境公益诉讼制度。我国法律的一般原则规定，如果一行为没有直接侵犯某人的生命、财产，该人就不能作为原告提起诉讼。这就在很大程度上妨碍了广大公众对环境违法事件的监督和公众环境权益的维护。因此，有必要建立起环境公益诉讼制度。

此前，无锡市中级法院和市检察院联合发布了《关于办理环境民事公益诉讼案件的试行规定》；云南省昆明市中级法院、市检察院、市公安局、市环保局联合发布了《关于建立环境保护执法协调机制的实施意见》，规定环境公益诉讼的案件由检察机关、环保部门和有关社会团体向法院提起诉讼。杭州历来就有良好的群众参与社会各项建设的基础，在建设生态型城市过程中，非常有必要建立起该项制度，以进一步发动群众，共同维护社会环境权益。

三、培育生态文化是生态文明建设的终极目标

生态文化的培育才是生态建设成果的长期保证，是生态建设的终极目标。生态文化的主体是人。这里的主体大致可分为 3 类，即决策者、生产者和消费者。3 类主体在文化方面存在的共同问题是知行不合一，即在思想上都知道生态保护的重要性，但落实到具体行动上还有困难。

而在这当中最重要的又是决策者。在许多地方，决策者更加关注的仍是经济增长。新阶段生态文化的培育重点就是要在决策者中倡导新文化精神，即标举"后物质时代"的新物质观，由注重追求物质财富的无限增长转变为对生态环境、生活质量、社会福利、人的全面实现的关注。而当前促成这一转变的有效办法还是差异化的

干部政绩考核制度，即根据不同地区所承担的生态功能的不同，来确定其不同的功能定位，从而制定相应的考核重点。

四、统筹城乡发展是生态文明建设的重要手段

如果把城市的主城区比作一个细胞的细胞核，那么周边的农村就是细胞的细胞质。作为细胞核的主城区是经济文化的中心；而作为细胞质的周边农村则承担着为城区提供物质和能量，同时消纳城区产生的代谢次生物的重要作用。事实上，广大农村不仅为城市提供了生产原料，还供应着城市的粮食，保障着城市的饮水安全。然而较城市来说，我国广大农村在过去相当长的历史时期内很少享受到公共财政，环境基础设施十分薄弱，应积极促进城乡统筹发展。

论生态文明视野下的环境伦理观

山东省沾化县工商银行　张霞

环境伦理是伴随着 20 世纪 60 年代的环境保护运动而日益彰显的一种伦理思潮，它对工业化过程中导致的全球性生态危机进行了全面的反思，并突破了以人为中心的狭隘的功利观念，进而要求重新审视人与自然的关系以确立新的价值观念，要求在思想和行为上表现出对人与自然共同利益的关心。它提倡环境伦理源于人类对以往人类文明的反省，引发当代全球性环境问题产生的危机意识。

生态文明的提出，是人们对可持续发展问题认识深化的必然结果，是人类遵循人、自然、社会和谐发展这一客观规律而取得的物质与精神成果的总和，人类目前所要建设的生态文明并不是一切以生态为中心的文明，而是人与自然和谐相处、协调发展的文明。

因此，生态文明背景下人类应坚持的环境伦理观也不应当是以生物或生态为中心的非人类中心主义的伦理观，而是作为传统人类中心主义修正者的现代人类中心主义伦理观——既强调人的地位和作用，强调以人为本，又关注人对自然环境的尊重和保护为基本宗旨的文化伦理形态。

一、生态文明下的新型环境伦理观形成——可持续发展的生态文明伦理观

在整个社会的发展过程中，人和自然的关系已经成为贯穿所有全球问题的轴心。随着一场与工业革命意义同样重大的环境革命的

诞生，作为人类文明的一种高级形态——生态文明，是迄今为止继原始文明、农业文明、工业文明后一种新的文明。它是人类在充分认识自然、尊重自然的基础上，在利用自然造福人类的过程中，在实现人与自然和谐统一的进程中所取得的全部文明成果的总和，其全新理念与价值取向反映了人类社会发展的要求。

在生态文明价值观指引下，出现了新的和谐自然观，它是以追求人与自然相和谐为目标，本身包含着对自然、非人类的生命存在形式的尊重，它的法律观应当显现为对其他物种的内在价值、生存和继续存在的权利的认可。在人类已经掌握有极大的利用和改造自然的力量的情况下，生态文明方式与其说是强调人对自然的依赖，不如说更多强调的是人对自然生态环境的尊重与顺从，这种对自然生态环境的尊重和顺从，是有其现代的科学理论为根据的。

可持续发展环境伦理观是可持续发展理论和环境伦理学相结合形成的一种新型的环境伦理理论。可持续发展环境伦理观在主张人与自然和谐统一的整体价值观方面与环境整体主义是一致的，不同之处在于可持续发展环境伦理观在强调人与自然和谐统一的基础上，更承认人类对自然的保护作用和道德代理人的责任，以及对一定社会中人类行为的环境道德规范进行研究。对人类中心主义和生态中心主义采取了一种整合的态度，认为人与人之间的关系、人与自然之间的关系具有同等重要的地位。

二、生态文明的环境伦理观对环境法的启示

具有生态伦理理念基础的现代环境法，是基于对传统人类中心主义的扬弃，基于对人与自然关系的重新认识，特别是对自然价值与权利的新认知。注重对生态系统全过程的整体保护，强调对生态系统的保护和建设并重，是一种革命性的价值变迁的环境法，其试

图从根本衡平时代利益，解决环境问题，实现人与自然和谐。由于可持续发展是在现有国际关系原则框架内达成的共识，它的基本思想不仅已为世界各国政府所采纳，而且也被世界广大公众所接受。所以，在当前环境伦理体系尚未获得统一的情况下，可持续发展环境伦理观可以提供较大的空间，容纳不同的环境伦理学说，在不同层面上起到指导人类保护环境实践活动的作用。

现行的《环境保护法》在立法的指导思想上仍为传统伦理观所左右，人本主义的——与现代环境伦理观和地球生物圈中心主义相对立——传统法律伦理观仍然在立法者的头脑中占据着统治地位，即环境立法在立法者的理念里仅仅是作为促进传统经济发展模式的一种方法，确切地说它是一种迫不得已的方法而已，或者说它仅仅是一种浅层的环境主义。

当代环境法的发展也应当把这种与生态文明建设相一致的现代人类中心主义伦理观作为理论基础，在法律制度的设定上做到既保障人对自然的合理利用，又重视人对自然的责任和义务。根据环境整体的可持续的标准对环境立法进行调整，现行环境法并没有明确将可持续发展作为环境与资源立法的指导思想。不仅是环境保护基本法存在这样的问题，其他一些环境立法也不能满足可持续发展伦理观的要求。

为改变这种状况，应遵循环境伦理维护生态的长远利益，维护人与自然的和谐平衡，尊重生态环境价值和发展规律的要求，改变原有的立法指导思想，把人与自然的公平纳入法律追求的目的之中，使环境资源法更具有价值合理性，以环境伦理观来指导现行环境立法。建立以保护自然权利原则、生态权利优先原则、人类综合责任原则为宗旨的可持续发展的环境法。这种环境法不再坚持人类中心主义的立场，不再把自然对人类的价值作为保护的目的，而是以自然的整体价值为追求目标。

从环保家庭做起

湖南省永州市绿化大队　胡小卫

最近，我所在的社区号召居民关注环保。为了调动大家的积极性，还决定举行"环保家庭"的评比，前6名可以得到1 000元奖金。

这下可把老妈乐坏了，笑眯眯地说："1 000元啊同志们，可以多吃100斤肉，或者，可以多吃500支冰激淋，又或者，能在美容店做100次面部按摩……"

她的话音未落，老爸、儿子，还有我妻子，异口同声大喊："坚决拥护您的号召，努力创建环保家庭。"我知道，老爸喜欢吃肉，儿子爱冰激淋，妻子嘛，则是美容党。老妈可真是把准了他们的心理了。

我问："要创建环保家庭，该从哪儿着手呢？"

老妈说："明天是周末，不如我们去公园种一棵树，树乃氧气之母，绿色之源。有了树，地球不就得解放了嘛。"

于是，第二天，全家五口人去种树。累得汗流浃背，腰酸腿疼。

回到家，儿子大叫："我要洗澡。"

老爸拦住了他："从今天开始，不能再用莲蓬头洗澡了，浪费水。得用大木桶，只用一桶水，而且，洗过的水，要用来浇水或者冲厕所。我计算过了，一年下来，最少省6吨水。"

老爸是家里最高权威，于是以后每个人都用木桶洗澡了。

洗完澡，吃完饭，妻子以飞一般的速度抢过遥控器，准备看她

291

的肥皂爱情连续剧。我暗暗叫苦，因为我知道又要有好几卷卷筒纸被她的泪水淹没了……

但儿子的反对声让事情有了转机。他说："据环保专家说，休闲时或晚饭后，一家人应尽量少待在家里看电视，最好去文化广场跳舞、绿道骑车或公园散步，既节能又养身。"

尽管妻子可怜巴巴地看着我，但我还是投了同意票，4：1，一家人去附近的小游乐园玩耍。我们玩得很开心。看来，环保也不一定是让人痛苦的事情啊。

接下来的几天，我家的环保措施层出不穷：

比如，洗衣机的"柔化"模式比"标准"模式叶轮换向次数多，电机启动电流是额定电流的5～7倍，"标准洗"更省电。选标准！

卷纸中间的纸筒不丢，而是用作了儿子的笔筒，老妈的多功能挂物架。

衣服攒够一桶再洗不是因为妻子懒，而是为了节约水电。

贪吃的老爸再也不能把冰箱塞得满满了，因为内存放物品的量以占六七成满为宜，放得过多或过少都费电……

可是，以前的生活习惯被改变，妻子有点适应不了。她爱看的电视剧不能看了，爱吃的零食不能吃了，美容也不能做了。她气愤难抑，说自己简直回到了原始社会。我指责她没有环保意识，她跟我吵，吵来吵去，最后她一怒之下进了卧室，把门关了，不让我进去了。

我敲她门，她喊道："我受不了了，我要跟你离婚。"

我想了想，回答："我不愿意跟你离婚，死也不离。"

儿子说："我知道，爸爸永远爱妈妈。"

我大声说："嘘，我不想跟你妈离婚，不是因为爱，是为了环保。因为据统计，离婚之后的人均资源消耗量比离婚前高出

42% ～ 61%！让我们用婚姻保护地球吧！"

妻子在里面听见了，扑哧一下笑了，门开了……

月底，我家终于捧回了"环保家庭"的大奖，奖金 1 000 元。但全家人经过商量，决定捐给西部贫困地区。因为，帮助贫困地区富起来，减少水土流失，也是环保的重要一环。

大力倡导生态文明建设的融入观

湖北省襄阳市襄州区农业局   陈尧

党的十八大报告提出，要大力推进生态文明建设，把生态文明建设放在突出地位，融入经济建设、政治建设、文化建设、社会建设各方面和全过程，努力建设美丽中国，实现中华民族永续发展。

党的十八大报告增加了生态文明建设，形成了经济、政治、文化、社会、生态文明五大建设。这五大建设是一个相互影响的有机整体，虽然五大方面在新时期社会主义的建设中相辅相成，但是也都是有所侧重，各自成形。如何完成这五方面的融入？笔者认为，应倡导生态文明建设的融入观。

一、以生态文明建设之形融入经济建设之体

（一）避虚就实，加快经济方式转型

所谓避虚就实，就是减少以生态为依托的生态经济，转移经济主体方向，转变经济经营方式。例如：内蒙古锡林郭勒盟地区把发展工业经济作为经济社会发展的重中之重，成功地走出一条破解生态环境脆弱和经济基础薄弱的转型之路——"两转双赢"战略。"两转双赢"是指通过加快转变农牧业生产经营方式和转移农牧区人口，实现改善草原生态和增加牧民收入的双赢目标。再如：2009年3月，国家将湖北省黄石市列为全国第二批重点支持的32个资源枯竭型城市之一。2009年黄石市实施经济转型战略，创建矿冶文明之都，利

用半城山色半城湖的生态资源特色，成功地成为了城市转型的先驱模范。

（二）互为一体，生态经济合二为一

所谓互为一体，就是利用生态环境的优势，将生态与经济相结合，将两个原本各自单一的建设，以节约资源、优化结构、促进和谐为宗旨，建立生态经济合二为一模式。这种方式不矫揉造作，利用天然的有利的生态条件，在保护生态的前提下发展经济。例如：1872年，美国建立了世界上第一个国家公园——黄石国家公园，在9 000平方公里的土地上，用1%的开发面积每年吸引世界各地300万游客，带动周边地区实现5亿美元的经济收入，并有力促进了当地产业结构调整，矿产（含农牧业）和旅游休闲业收益所占的比重由原来的70%和30%，变为目前的18%和82%。

二、以生态文明建设之要融入政治建设之心

（一）吹响号角，将生态文明建设深入人心

党的十八大吹响了生态文明建设的新的号角，首次把生态文明建设写入党的报告，党高度重视生态文明建设，全国将认真学习贯彻党的十八大的精神，深入落实生态文明建设，促使经济、政治、文化、社会、生态"五位一体"和谐发展的理念深入民心。

（二）抢抓机遇，加快部署生态文明建设方案

党的十八大报告对生态文明的明确指示，创造了生态文明建设的一个机遇，要抢抓这个机遇，及时研究对策，积极部署生态文明建设方案，加快生态文明建设的步伐。

三、以生态文明建设之魂融入文化建设之身

（一）树立形象，以文化旅游促城市名片

就我国而言，原生态的文化旅游胜地数不胜数，就湖北省来说，首届一指便是：神农架林区。神农架林区是天然的生态旅游区，更兼有神农远古文化之渊源。

当前，以自然生态为依托树立城市名片并传播文化，是一件功在当代，利在千秋的事。2012年10月，湖北省分别举办了黄石市矿冶文化旅游节、襄阳市诸葛亮文化旅游节、十堰市武当大兴600年。通过这些旅游文化节的举办，人们在矿冶原址、隆中诸葛茅庐和武当真武之巅的生态环境中，感受到了古代近代乃至现代矿冶流传的足迹、三国时期三分天下和武当太极道教文化的气息。这些活动的举办不仅是在依托于生态、拉动了经济，更大的是传播了中国的文化。

四、以生态文明建设之惠融入社会建设之需

（一）健康为尚，送绿色生态产品入万家

绿色生态食品是经专门机构认证、许可使用绿色食品标志的无污染的安全、优质、营养类食品。如今绿色生态食品也是广大群众乐于选购的食品类别。生态产品是党的十八大报告提出的新概念，河北省邱县的生态产品备受青睐，正受到追捧，生态产品正引领当地群众走向一条科学发展的生态之路。

（二）生态建设，打造舒适温馨的社会家园

1. 加强环境整治和环境质量监测

提倡节能减排和低碳经济。完善企业排污许可证制度和污染物总量控制制度。加快建设和完善城市生活污水处理系统，加强饮用水水源地保护和大气环境污染综合整治。加快城市生活垃圾无害化处理设施建设，加强噪声的防治。

2. 加强城市生态环境建设和保护

实施林业生态工程建设。加强森林资源保护与管理。加大城市

园林绿化建设力度，倡导环境保护精神，共创和谐美好家园。

十八大报告中指出，建设生态文明，是关系人民福祉、关乎民族未来的长远大计。面对资源约束趋紧、环境污染严重、生态系统退化的严峻形势，必须树立尊重自然、顺应自然、保护自然的生态文明理念。要做到这些，必须以生态文明建设之要融政治建设之心、以生态文明建设之形融经济建设之体、以生态文明建设之魂融文化建设之身、以生态文明建设之惠融社会建设之需。

为生态文明建设撑开法律的保护伞

中国司法杂志社　　刘武俊

　　党的十八大将生态文明建设提升至与经济建设、政治建设、文化建设、社会建设四大建设并列的高度，提出"五位一体"的发展总格局。十八大报告用专门一章阐述了大力推进生态文明建设。强调建设生态文明，是关系人民福祉、关乎民族未来的长远大计。面对资源约束趋紧、环境污染严重、生态系统退化的严峻形势，必须树立尊重自然、顺应自然、保护自然的生态文明理念，把生态文明建设放在突出地位，融入经济建设、政治建设、文化建设、社会建设各方面和全过程，努力建设美丽中国，实现中华民族永续发展。把生态文明建设放在如此突出的地位，加以强调和谋划，在中国共产党的历史上是第一次，具有重大现实意义和历史意义。

　　生态文明是物质文明、政治文明和精神文明的基础和前提，它以人与自然协调发展作为行为准则，建立健康有序的生态机制，实现经济、社会、自然环境的可持续发展。十七大报告中，"生态文明建设"用了2次，一个小自然段，94个字。而十八大报告中"生态文明建设"出现了15次，7个自然段，共1 398个字。可见对生态文明建设的重视程度。

　　十八大报告强调要更加注重发挥法治在国家治理和社会管理中的重要作用。依法治国的基本要求是各项事业都要纳入法治轨道，生态文明建设也不例外。笔者认为，在全面推进依法治国的背景下，必须为生态文明建设撑开法律的保护伞。

生态文明建设，完善立法是前提。重视生态文明建设立法工作，不断完善生态立法。要适应资源节约型、环境友好型社会建设的要求，完善节约能源资源、保护生态环境等方面的法律制度，从制度上积极促进经济发展方式转变，努力解决经济社会发展与环境资源保护的矛盾，实现人与自然和谐相处。

我国有关生态保护的法律规范大多确立于自然资源、环境保护及其他相关法律、法规、行政规范性文件中，基本上形成了以《宪法》中关于生态保护的规定为主导，以环境保护法的规定为基础，以生态保护专门法和自然资源法中的生态保护规范为主干，以其他法律、行政法规以及行政规范性文件中的相关规定为补充，以国际条约等国际法渊源为重要内容的生态保护立法体系，有力地保护我国大气、水、固体和海洋的生态环境，共同构筑了我国的生态环境保护体系。

此外，在地方上也存在着一些针对生态保护某些方面的法规规章。需要指出的是，现行生态法律、法规大多局限在生态保护、环境资源保护方面，且本身存在不少问题及矛盾，不能适应生态文明建设的需要。立法理念陈旧，偏重事后规范和制裁，较少关注事前的调整，只注重对资源与环境破坏行为的处罚，较少关注治理、恢复和积极建设。有关生态保护的法律规定层级较低，行政色彩较浓。对公民环境权利的实体及程序性规定偏少且缺乏可操作性。当公民环境权益受到侵害时，难以依法实现救济。现行法律法规大多重经济效益而轻生态效益，重眼前利益和局部利益而轻长远利益和整体利益，偏重于防治污染和其他公害，而对保护和改善环境仅作原则性的规定缺乏具体配套的法律责任。

生态文明立法亟待进一步强化。尽管中国特色社会主义法律体系已经形成，但生态文明领域的立法依然有待进一步完善。建议对

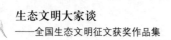

包括《环境保护法》在内的相关生态法律法规进行全面的修改完善；针对湿地资源破坏严重的现状，尽快制定专门的《湿地保护法》，改变湿地保护只有规划和政策而无法可依的窘境；大力倡导公众对生态文明建设的有序参与，用立法的形式明确规定公众参与生态文明建设的内容、渠道、方式，依法鼓励和支持公众的创造精神；针对生态移民问题，尽快完善生态补偿立法。

生态文明建设，严格执法是关键。进一步强化生态文明领域的行政执法，人大要经常组织生态文明建设的专项执法检查活动，有关执法部门要经常组织联合执法活动，坚决杜绝行政不作为现象。对于执法中查出的问题要依法严格追究责任，绝不搞以罚代法。

生态文明建设，公正司法是保障。司法是正义的最后一道防线，生态司法也是生态文明建设的重要防线。新民诉法为环境公益诉讼撑开了法律的保护伞，明确规定对污染环境等损害社会公共利益的行为，法律规定的机关、有关组织可以向人民法院提起诉讼。这意味着在民诉法中确立了环境公益诉讼的法律地位。人民法院要鼓励和支持有关机关和环保组织依法提起环境公益诉讼，及时受理，公正裁决。有条件的法院可以设立专门的生态法庭。环境公益诉讼方兴未艾，需要司法机关提供强有力的支持。

狼烟滚滚

河南省洛阳市环境保护局　崔冠亚

故事简介

　　发展经济，天经地义，但是，过度发展，无序发展，就会产生严重的社会问题。大年除夕，仙岭县的众多小造纸厂污染了仙水河，致使仙岭市的饮用水发生了危机（自来水场紧急关闭）。电视台曝光后，仙岭市强令关闭和拆除了小造纸厂。结果，麦收季节，又带来了新的社会问题（用来造纸的小麦秸秆没了出路，农民们索性就地燃烧，充作肥料，以致污染了大气环境，不见了蓝天，不见了白云，到处是狼烟滚滚，浑天暗地，烟雾弥漫，以致造成了民航、交通、森林失火等多起重大灾难事故）。仙岭市市长兼市委书记江丽娜，不顾个人安危，在被人恶意打伤、儿子被绑架的情况下，仍然坚守工作岗位，强令关闭了仙岭县的造纸厂，并采取严厉措施禁止农民焚烧作物秸秆。而其丈夫仙岭县县长李春旺，因重视环保、林业、农业安全生产工作不力，以致造成了河水污染、森林起火等多起严重生态灾难，自觉责任重大，投河自尽，受到了法律和良心的严惩……

仙水河畔

　　寒冬腊月，寒风料峭，天气昏沉沉的。

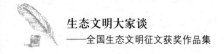

仙水河畔，自来水场边，已经集满了从四面八方匆匆赶来的公安干警和环保职工，江丽娜的丈夫，仙岭县县长李春旺，亲自驾车把江丽娜送到了河边。

江丽娜随同市公安局长、环保局长等人查看了漂在河面上的白色污染物，他们分析极有可能是上游仙岭县的小造纸厂出了问题。

她随即马上转身对身后的李春旺小声说："我断定肯定又是你们县的小造纸厂出了问题，利用春节放假，违法恢复生产，大量突击排污，污染了河面，走，到你们县看看去，这回非得把他们治住不可。"

李春旺不服气地争辩道："不可能，去年我已经全把他们给关了。"

"你先别这么肯定，可能不可能先去看看再说，走走走。"李春旺欲言又止，江丽娜使劲儿推了他一把，他这才无可奈何地朝汽车走去。

仙水河畔的公路上

江丽娜领着公安、环保一干人马逆仙水河而上，向仙岭县城开去。

警车呜呜，北风呼呼，越往上游走，漂在河面上的污染物越多，有些地方因冰块阻塞而聚集起来的白色泡沫竟然覆盖住了整个河面，厚度足有1米多高，怪异的气味随风飘来，刺鼻难闻，腥臭无比。

仙岭镇

在仙岭县城郊的一座村镇里，家家户户的门前屋后到处都堆满了用来造纸的小麦秸秆，十几户家庭作坊式的小造纸厂正在热火朝天地生产着，股股污水冒着热气泛着白沫肆无忌惮地向仙水河里流淌着。

突然，一辆警车鸣笛开道，十余部大小车辆紧随其后，火速朝村镇里开了过来。

一时间，村镇里乱成一团，一个叫王建设的农民慌忙叫自己的儿子王木墩将自家的手扶拖拉机停在了村东口，试图想阻挡住进村的警车。

但是，无济于事，几名公安干警飞也似地冲过去迅速将拖拉机推向了路边，造纸厂里的农民忙丢下手中的工具，纷纷四处逃窜……

仙岭市街景

中午的时候，仙岭市的街面上已出现了市民纷纷抢购塑料桶等储水器具的场面；超市里也出现了排队抢购桶装、瓶装纯净水的场面；自来水场的运水车已开到了市面上，以防急需之用……

仙岭镇

仙岭镇执法现场，江丽娜指挥着公安、环保执法人员，迅速切断了所有小造纸厂的生产电源，造纸设备随即停止了运转，喷涌入河的股股污水也都被迅速切断。

吊车开过来了，执法人员开始拆卸和吊装违法生产的造纸设备。

农民王建设看着自家刚刚安装好的造纸机，还没有怎么生产就又被三下五除二地拆了下来，心里很不是滋味，他上前央求江丽娜道："求求你们开开恩吧！我这机器可是借钱买的呀！本儿还没捞回来呢！你们就行行好吧！把机器给我留下，我保证以后不再生产了，让我把机器卖了把账还上，行吗？求求你们啦！我们一家老小也要吃饭呐！我给你们跪下了……"

突然，王建设的儿子王木墩双手攥着一根木棒气势汹汹地冲了过来："爹，少给他们啰嗦，我和他们拼了。"说着抢起木棒就向江丽娜的头上打去。

李春旺和旁边的几名干警急忙上前阻拦，可是，已经晚了，木棒重重地砸在了江丽娜的额头上，顿时，额头鲜血直流，江丽娜随即就晕倒了过去。

李春旺一个耳光打过去，直打得王木墩眼冒金星，险些倒地，王木墩还想反抗，但是立刻就被两名民警制服了。

仙岭市街景

第二天是大年初一，仙岭市照例笼罩在欢天喜地的气氛当中，昨天发生的水污染事件，并没有过多影响仙岭人欢度传统佳节的美好心情，人们照例高高兴兴地穿新衣，吃年饭，贺喜拜年，只不过在人们的话语当中，都新增加了一句既亲切又温暖的问候语："您家的水够用吗？"而且，人们在走亲访友的时候又多了一种特殊的新年礼物，那就是"水"，人们或者拎上一桶纯净水，或者买上一箱矿泉水，扶老携幼，走街串巷，欢声笑语，其乐融融，构成了一种独特的风景，今年的春节，仙岭市的水真的是比油还要珍贵。

……

2006年6月8日，仙岭县县长李春旺投仙水河自杀。

2006年6月9日，省委、省政府撤销了江丽娜仙岭市市长兼市委书记的职务，并立案审查。

2006年6月10日，中央工作组进驻仙岭市，开始了飞机失事的调查工作。

2006年9月10日，仙岭县农作物秸秆气化厂一次点火试车成功。

2006年9月16日，仙岭市及仙岭县退耕还林工程正式启动。

2006年10月8日，仙岭市华南虎野生动物及生物多样性自然保护区成立。

2006 年 10 月 10 日，仙岭市正式向联合国提出申报世界自然文化遗产的申请。

　　……

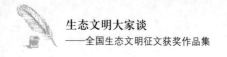
杨善洲：绿色的颂辞

河南省博爱县南关学校　马冬生

1

在一棵松的年轮与一座山的高度中
在辽阔的绿中，与你邂逅
杨善洲，你站成的山一样让我敬仰
不求荣华富贵，也不要功名利禄
老杨，请赐给我一滴灵魂的圣水
让我把一颗蒙尘的心洗礼
构架大山的风骨，红尘中我不卑不亢
我在荒芜的心田种下一棵挺拔的树
老杨，我要像你用清洁的心扶正人生

2

窝棚上的油毛毡还在，大亮山的树还在
老杨，我多想穿越二十二年的绿色时光
在一颗心点亮的林场，采撷一批春的闪电
我想请教老杨关于"善"与"洲"字的写法
横平竖直每一笔，除了浸透绿之灵光
起笔和收笔之间，还要注意什么
老杨，你就是我今生最爱的一颗大树

只有保持对你绿色的仰望，心才不会发霉

　你的大亮山，永远是我心灵的故乡

3

雁过留声，人过留名

骨骼里什么永存，灵魂里什么最重

我们要不断拷问心灵，让善行保鲜

其实，每一个人都在寻找着精神的绿洲

取出林中的鸟鸣，让鸟向林海致敬

人生的每一片叶子才会抖开一树葱茏

是的，我喜欢一座山的绿色的蜿蜒

因为这绿色的蜿蜒，蜿蜒到了一个人的心里

岁月流转，只有大亮山的绿千古流芳

4

绿的芬芳波涛一样涌过我的诗篇

让我的一颗心学会包容、操守和飞翔

让我懂得，在这世上走一趟该留下什么

活在大亮山林场，做一棵小草也是有福的

我的骨骼中浸满蓬勃向上的力量

怀抱雷霆与梦想，一种精神绵延不绝

向上向善向美，从每一个人的心里迸发

绿色的音符律动的大地厚重而美好

我想，我应该长成善洲林场的一颗正直的树

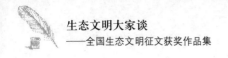
深圳如何建设宜居城市

深圳市人居环境委员会　　杨虹

改革开改 30 多年，深圳经历了一番翻天覆地的变化，创造了经济高速发展的奇迹，成为见证中国改革开放的窗口城市。但是，伴随过快发展，一系列问题衍生出来。深圳面临如下三大发展难题：一是在 2006 年深圳城市化率已达 100%，但部分区域的城市化质量有待提高。二是在巨大资源、环境压力之下，要进一步提升环境质量。三是要有效解决公共服务滞后于城市需求的问题。为破解这些发展难题，深圳迫切需要以宜居城市理念推动城市发展模式转变，促进城市生态文明建设，进一步提升城市发展质量。

宜居城市概念由来已久。现在对宜居城市的概念可以描述为：以城市生态综合平衡为机制，以改善和发展民生为根据，以促进城乡经济社会持续发展为前提，以实现经济发展、社会进步、生态保护的和谐发展。建设宜居城市的最终发展目标是城市整体形成经济发展、民生改善、社会和谐、生态良好的互动互促的良性循环体。宜居城市的标准具有主观性、多面性、复杂性、社会性和地方性，甚至搀杂价值观的因素，因此宜居是一个动态和相对的概念，在不同国家、不同地域、不同经济和不同社会发展阶段以及不同文化背景下也是不同的，或者说是存在一些差异的。但学界一致认为，宜居城市的提出和演变有两个原因，一是宜居城市体现了近代人们对理想城市生活的诉求，二是宜居城市是城市可持续发展的模式。

生态文明是指人类在经济社会活动中，遵循自然发展规律、经济发展规律、社会发展规律、人类自身发展规律，积极改善和优化人与自然、人与人、人与社会之间的关系，为实现经济社会可持续发展所做的全部努力和取得的全部成果。生态文明被提出之前，已经有诸多关于"生态"方面的讨论和研究，但都是围绕生态环境、节能减排等方面展开的。生态文明建设的提出，促使人们思考生态建设中自然与自然的关系、人与自然的关系、人与人的关系、人与社会的关系，引领人们树立正确资源利用、低碳生活、绿色生产观念。

生态文明建设被提出之前，深圳已经提出生态立市。2007年，深圳作出加强环境保护建设生态的决定，并不断加强节能减排和环境治理，推进生态建设和自然保护，生态文明建设投入效果逐步显现。生态立市的决定为全面建设资源节约型和环境友好型宜居宜业城市建立了稳固的保障。

从生态立市到宜居城市，深圳此举有两个目的，一是在城市系统内部形成有利于健康的生态环境，二是实现城市可持续发展。

一、宜居城市与生态文明的关系

宜居城市与生态文明的提出有着相似的背景，即在可持续发展遇到一定阻碍，经济、社会、环境三者平衡被打破的情况下，提出生态文明与宜居城市建设。

（一）重叠性

宜居城市与生态文明分属不同概念，但二者具有许多相似性。宜居城市与生态文明都强调以人为本，无论是自然系统的保护、恢复与重建，还是人工系统的建设，都围绕人生活的环境，以建设一个环境优美、人与自然和谐的人类居住区为目标。生态文明是宜居城市建设的保障，宜居城市是生态文明建设的最终目标。

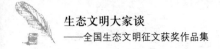
（二）差异性

宜居城市与生态文明在探索和实践中具有重复与交叉，但生态文明主要把城市作为一个自然和人工复合系统来看待，主要从生态学角度，分析城市建设的特点，论述其功能和结构，提出规划标准、目标和理想化状态等，重视城市生态系统的平衡与和谐，要求自然生态系统保持平衡的同时，自然与人工社会态系统也要协调发展。而宜居城市关于自然与人工社会系统的研究要侧重于两大系统对人类居住与生活的影响。

二、深圳建设宜居生态城市探索与实践

建设宜居城市是一项内涵丰富的工作，深圳进行了多方探索与实践。

深圳更新了城市建设理念，颁布了《深圳市人居环境纲要》。纲要为统筹人居环境规划建设提供了有力的依据。结合深圳实际，纲要提出独具特色生态优先、城市宜居等六大理念，成为人居环境工作的纲领性文件。同时，实施制度创新，定期召开环境形势分析会。环境形势分析会与经济形势分析会相呼应，使环境保护与经济发展齐头并进。

打造生态城市，推动生态文明建设。建立生态城市目标，将生态化融入深圳经济社会发展的各个领域、各个环节，用生态化提升深圳的工业化、城市化、现代化，努力形成节约能源资源和保护生态环境的生产方式和消费模式，使经济社会发展和生态环境更加协调，人与自然相处更加和谐。重点抓住生态保护和修复工作，推动"四带六廊"建设，构建生态安全网络格局，率先走出一条生产发展、生活富裕、生态良好的文明发展道路。

打造宜居城市，完善宜居城市制度建设。以民生为着力点，推

出宜居城市工作方案及行动计划，围绕居住改善、环境保护、公共服务、社会安全、宜居社区及精神文明等六大方面提出切实措施。重点以安居乐业吸引人才，加强人才引进、安置计划。将生态建设作为提升宜居水平的重要途径，积极改善市民生活品质。加强社区建设，完善配套设施，使广大市民既能有房住，又能住得好，努力形成幸福宜居、安居乐业的良好局面。

论生态文明促进法

中国政法大学民商经济法学院　　代杰

党的十八大报告将生态文明提升到前所未有的高度，"生态文明"字眼出现的频率高达 15 次。不仅如此，报告第八部分"大力推进生态文明建设"还对我国生态文明建设进行了专门阐述。可以预见，未来我国生态文明建设的步伐会进一步加快，生态文明理念会更加深入人心。为了推进我国生态文明建设，构建生态文明的法治保障，基于我国环境资源法对推进生态文明建设的不足，国家应当为生态文明立法。

一、生态文明促进法的基本原则

生态文明促进法的基本原则是指生态文明促进法所确认的，反映生态文明促进法本质的，对生态文明促进法的规则和制度起指导作用的准则。借鉴环境资源法的基本原则，并吸收党和国家的有关政策内容，笔者认为生态文明促进法的基本原则包括：融入原则、生态善治原则、节约优先、保护优先和自然恢复原则。

融入原则是指不再把经济建设、社会发展和生态环境保护对立起来，而是将它们相互融入、协调，从而做到发展中保护、保护中发展。面对中国的国情，经济建设和社会发展不能停步，环境保护也不能放松。因此必须将生态环境保护融入经济社会发展的全局。融合基本的路径推进经济发展方式的转变,走绿色发展、循环型发展、低碳发展之路。

所谓生态善治原则，是指促进生态文明要转变治理观念，将以往的政府主导包办的思想转变为政府责任、市场调节、公众参与相结合的机制，从而实现生态善治。环境资源法主要是监管法，让环保局盯着排污单位。然而，这种治理方式缺乏有效的机制敦促排污单位自主减排，也缺乏公众参与，加之环保局的力量本身有限，导致环境治理存在不少问题。生态善治是将政府、市场和公众结合起来，共同促进生态文明。生态文明促进法要推进公众参与，应当重点从完善公众的知情权、公众的生态环境决策权和公众诉权的方面入手。

生态文明促进法应当树立尊重自然、顺应自然、保护自然的生态文明理念，确立节约优先、保护优先、自然恢复的原则。节约优先、保护优先、自然恢复原则以生态规律为基础，是我国生态文明建设的根本工作方法。

二、生态文明促进法的重点制度

生态文明促进法应当有若干项重点制度。在生态文明促进法中，难以概括出生态文明促进法的基本制度，因此本文总结出生态文明促进法的几项重点制度，作为推进生态文明的制度抓手。生态文明促进法的重点制度应当属于补白性的，即填补我国生态文明建设中缺乏的，将会产生实质性效果的制度。

（一）绿色 GDP 制度

绿色 GDP 是改变政府政绩观的重要措施和方法之一。之所以要推行绿色 GDP，原因在于目前的 GDP 核算方式没有将环境资源成本核算在内，导致无论消耗多大的资源、造成多么严重的环境污染，只要经济总量上去了，GDP 也就上去了。而对政府官员考核方式又主要是看 GDP 总量和增长速度，这样就导致了地方政府不惜以环境资源为代价片面追求 GDP 增长。如推行绿色 GDP，将经济增长的环境资源成本核算在内，就可以在很大程度上压制高污染，高能耗导致的经济总量增长。

前一阶段国家对绿色 GDP 比较重视，主要由国家环保总局、国家林业局和国家统计局来推行，在研究过程中发现一些技术上的问题，因此停滞了下来。笔者以为，生态文明促进法要重拾绿色 GDP 制度。相关部门要集中力量，攻破绿色 GDP 核算中的技术问题，真正让政府官员有动力去保护环境、节约资源。

（二）生态补偿制度

生态补偿，是指生态获益者应当对生态贡献或者生态减损者支付费用，从而填补获益和付出之间的不平衡。建立生态补偿机制是有效利用环境资源、持续性保护和修复生态环境功能的重要方法。专家学者多年前就倡导生态补偿制度。虽然一些地方已经开始了关于生态补偿的有益尝试，但是国家仍未出台生态补偿的法律政策，生态补偿的补偿标准、资金来源、补偿渠道、补偿方式和保障体系等一系列问题仍有待解决。因此，生态文明促进法应当就生态补偿的基本问题作出规定，并责成国务院制定生态补偿的相关条例。

（三）低碳发展促进制度

低碳发展既是推进我国生态文明建设的要求，也是适应国际气候谈判压力的要求。生态文明促进法应当规定低碳发展促进制度。低碳发展促进制度的主要内容包括低碳发展标准制度、低碳发展的产业规划、低碳发展的财政、税收、政策支持、低碳生活等。

（四）污染集中治理制度

污染集中治理是降低污染治理成本的重要举措，特别是在工业园区、科技园区等污染集中的区域。生态文明促进法应当鼓励具备条件的区域实施污染集中治理。污染集中治理的模式是由一家污染治理服务单位，主要是环境服务公司，与园区内的众多排污单位签订污染治理服务合同，由环境服务公司负责集中治理污染，排污单位向治理单位支付费用。生态文明促进法应当专设一章，对污染治理服务进行规定，重点是污染治理服务的实施方式、排污者与服务企业之间的权利义务，污染治理费用，责任承担等。

建设大美龙江科学路径研究

哈尔滨师范大学　　郝文斌　　冯丹娃

党的十八大指出，建设生态文明，是关系人民福祉、关乎民族未来的长远大计。面对资源约束趋紧、环境污染严重、生态系统退化的严峻形势，必须树立尊重自然、顺应自然、保护自然的生态文明理念，把生态文明建设放在突出地位，融入经济建设、政治建设、文化建设、社会建设各方面和全过程，努力建设美丽中国，实现中华民族永续发展。深入学习领会党的十八大报告精神，需要我们及时总结地方生态文明建设的主要成效，找准生态文明建设存在的主要问题，理清建设大美龙江的科学路经，促进绿色发展、循环发展、低碳发展，进而推动美丽中国建设。

一、黑龙江生态文明建设存在的主要问题

当前，黑龙江生态文明建设主要存在以下问题：

产业结构调整难度较大，自我积累能力不足。黑龙江省是重要的老工业基地，现有产业结构和产业布局不合理，循环经济发展得不够，企业的生态建设开展的不平衡，还没有完成企业的生态转换，构建生态发展模式。

环境历史欠账多，资源利用与保护不协调。森林砍伐严重、质量下降、功能减弱。森林涵养水源、净化空气、保持水土等生态功能明显减弱。草原超载过牧，"三化"严重，湿地面积及生物多样

性减少。天然植被覆盖面积降低，水土流失、土地沙化等地质灾害加剧。

水资源利用率低，损失浪费和污染有待治理。水资源调控能力不足，工程性缺水矛盾突出。水资源利用效率低，用水浪费严重。地下水开发利用不够合理，区域降落漏斗不断扩大，致使一些地区浅层地下水枯竭。

区域性生态环境恶化，部分地区地质问题突出。黑龙江省作为资源大省，在大规模开发利用矿产资源的同时，矿山整体地质生态环境质量也随之下降。农村生态环境污染加重，生态建设滞后于城市发展。大中城市大气污染、交通噪声污染、水污染、垃圾污染没有得到有效控制，城区绿化面积与绿化水平存在较大差距。

管理体系不完善，法制建设有待加强。部门之间缺乏协调，综合决策机制不健全，监测手段和信息系统落后等。由于相应的法规建设或条例未建立、健全，使开展保护地质生态环境、制止破坏环境的工作无法可依。部分地区环境意识比较淡漠，环境教育工作严重滞后。

二、建设大美龙江的科学路径

加强黑龙江生态文明建设的途径：

加强生态文明建设立法。建立健全基本法、综合法、专项法多层面的生态法律法规体系，为循环经济发展提供点、线、面全方位的法律保障。在地方生态法规制订过程中，坚持立法科学与效率原则，达到生态法律法规实质有效性与形式有效性的统一，切实增强操作性。保障各级政府和执法部门依法行使管理和监管职能，加大生态建设行政执法力度，对各种破坏生态建设的违法违纪行为及时、严肃查处。

完善生态文明建设规划。遵循统筹规划、分类指导、分期推进、区域实施的原则，在制定生态政策时，应明确不同地区生态文明建设的发展目标和主要任务，与环境保护、土地利用、林业、水资源和矿业资源等专项规划统筹考虑。把落实保护生态的相关政策纳入政府工作重要日程，政府主要领导对生态经济发展负总责，签订目标责任状，使政策落实到实处，落实到基层。按照"一业一策"的思路，制定有利于生态经济发展的财政、税收、金融、土地等方面的政策，使鼓励生态建设的政策与鼓励经济发展的政策有机融合，不断提高政府统筹规划和政策协调以及规范管理的能力和水平。

建立健全资金投入机制。逐年提高对生态文明建设的投入占财政总支出的比例。积极借鉴民间参与环保的经验，鼓励和支持成立生态团体和公益组织，大力推进环境保护非政府组织（NGO）发展，积极动员黑龙江省民间力量和民间资本，投入生态文明建设。通过环保 NGO 资助基金，资助环保行动者和环保组织开展生态环境保护项目，不断提高生态建设资金使用的管理水平和投入资金的经济效益，保证资金投入的长期性、稳定性。

建立健全价格调节机制。按照"谁污染、谁付费"的原则，在税收方面，对造成污染的企业加大实施惩罚性税收力度，对采用清洁生产工艺和资源循环利用的企业加大减免税收、财政补贴以及信贷优惠等政策力度，引导广大企业自愿发展生态产业。通过价格、财税政策等经济杠杆调节，促使广大企业和人民群众节约资源，保护城乡生态环境。

建立健全工业反哺机制。积极探索由政府购买模式支付生态补偿。比如：在农业生产中，政府应利用经济激励与法律约束手段，鼓励和帮助农民提高土地的生产率和农产品的质量，减少化学品使用量，保护土地和地下水不受农药等污染，整体改善农业农村生态环境，保证国家粮食和食品卫生安全，使农业生产走上可持续发展道路，恢复和复垦。

建立健全考核评价机制。加大推进生态省、生态市和生态县建设力度，根据生态环境承载力的计算结果，制定符合生态现状和国情的生态文明建设量化考核指标体系，把生态破坏和环境污染遭致的损失计入成本，争取国家支持，在全国率先试行"生态GDP"核算，促进单位GDP耗能、耗水、用地等指标逐年减少，污染物排放总量逐年下降，形成以保护生态和经济发展相结合为指标的人事选拔、任用、考核机制。

建立健全生态民主机制。生态文明建设不应仅是自上而下政府主导行为，还应该发起自下而上的民间环境保护运动，配合政府发展生态经济。把生态民主建设作为社区、村镇民主建设的一项重要内容，引导和动员广大群众参与生态文明建设，使每个公民在享受生态权益的同时自觉履行生态义务。加快信息化建设，建立健全公众参与综合决策的渠道，提高政府推进生态经济可持续发展的公共服务水平，保障社会公众参与生态文明建设的知情权、决策权和监督权。

生态文明建设与中国智慧

江苏省社会科学院哲学与文化研究所　胡发贵

　　党的十八大前所未有的高度重视环境问题，首次将生态文明建设提升到国家战略的高度，强调未来的发展是绿色、循环、低碳的，并满怀豪情地提出了建设美丽中国的理想。这一美好愿景既激动人心，也促使人思考如何来创建当代中国的生态文明。

　　环境是人类最为基础性的生存条件，对它的重视自是人类谋求生存和发展的题中应有之义，可以说每一种文化都有其特定的生态关注。历史悠久的中华文明，更有其独到的生态观，其间的环境智慧，仍可为今天的生态文明建设提供有益的启示。

　　如对自然的感恩之念。在中国古代哲学的理解中，人与万物一样，都是天地氤氲的产物，"天地生人生物"，天地不仅提供了我们生存的物质资源，在溯源的意义上甚至就是我们生命的源头，我们的存在在终极意义上是大自然——天地赋予的，所以古代哲人以"乾称父，坤称母"来比喻天和地。作为天地之子，对于给予我们一切乃至生命的伟大创造者——大自然，怎能不心怀感激、不心怀敬畏。所谓"予兹藐焉，乃混然中处"，生动地揭示了源于感恩自然的谦逊之心和景仰之意。在称父、称母的文化意象中，自然被想象成人类的母体，这一诗意般的预设就使自然成为感念、崇拜和敬畏的偶象，而不是掳掠、征服和摧残的客体。这一颇具浪漫色彩的自然理解，显然为爱护和保护环境提供了一种温馨和温情的文化心态。

如对自然的敬畏之心。我们的文化不仅感恩自然，还主张要敬畏自然。因为在中国哲学看来，自然不是静止、静默的，而是充满了生生不息的活力和变化无穷的奥妙，"日新之谓盛德，生生之谓易"。正是因此"生生"之机，创造了一个令人惊叹的丰富而生意盎然的大千世界；而且自然不是偶然、随机和杂乱无章的，其间自有其定规和法则，"天何言哉，四时行焉，百物生焉。"而决定四时有序，百物生长节律的就是"道"，它决定了万物之所以然，规定了世界的秩序，从而根本保证了宇宙的新陈代谢，事事物物的推陈出新。人类也正赖此道而认知世界，能够春播夏种秋收冬藏地永续利用自然。自然是有规律的，规律是不可违背的，所谓"天人合一"，正是要求"人法地、地法天，天法道，道法自然"，遵循、顺应自然规则。一句话，即要敬畏自然。在此"法地、法天、法道"的敬畏之心中，自然就不是可随意被处置的对象，而是理应礼遇和珍视的存在。这样对自然的保护，也就获得了一种价值上的正当性。

如对自然的"化育"之思。在感恩和敬畏之余，我们的文化还主张人类有责任维护自然的生机。在中国哲学的理解中，自然就是一种有机的生命体，其本质就是生生不息，即"天地之大德曰生"。人有责任和义务维护和尊崇这一大德，永葆天地之间生机盎然，使万物皆得其养、皆得其长；并确保万物并育而不相害，各尽其性，呈现其存在的意义，发挥其生命的活力，这就是"赞天地之化育"。"能尽人之性，则能尽物之性；能尽物之性，则可以赞天地之化育。"此一"赞"字就清晰地表达出一种使命意识，即人应以自身的努力来实现并彰显天地的"生生大德"和好生之心，"天地别无勾当，只以生物为心。如此看来，天地全是一团生意，覆载万物。人若爱惜物命，也是替天行道的善事。"显然在此"赞化育"的价值诉求中，"爱惜物命"就远非只是一种恻隐的同情，而是在"替天行道"，是在

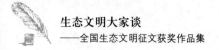

践行一种伟大的宇宙精神。我国古代先哲还特别强调，只有凭此精神，人才"可以与天地参"，即获得自我超越而永恒的存在，也才能展现自身真正的价值。因此，"赞化育"思想不仅是强调人类保护与维护自然的神圣责任，它还揭示出人类也只有在"赞化育"中才能实现和完善自己。"化育自然"也是人类自身文明进步的一个标尺。显然，这一思想也就为环境保护和生态维护提供了一种终极的合理性和必要性。

不论是感恩自然、敬畏自然，还是化育自然，它们都是我国传统文化关注环境的结晶。其所积淀的对于人与自然之间关系的理解和哲思，对于我们今天的生态文明建设来说，仍不失有其思想借鉴和智慧启迪的意义。

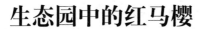

生态园中的红马樱

云南省禄丰县文联　　李剑虹

　　滇中彝州楚雄，山靠着山，岭傍着岭，水连着水，悠悠岁月，
山高水长。在 20 世纪 70 年代末 80 年代初，由于多种原因，导致生
态失衡，水竭干涸，地瘠民穷，森林覆盖率不足 40%。

　　面对水土流失加剧的荒山秃岭、薄地寡牧的脆弱生态及越干旱
越砍伐、越欠收越垦荒的恶性循环现象，一批有识之士大声呼吁：
要保护楚雄的山林提高土地的产出率，必须立即整治滥砍滥伐、
滥采现象，并向媒体反映且联名多番向州有关部门和领导提出建议
与意见，希望引起重视，加大对森林、土地保护的宣传。这个举措
从媒体反馈后并成为内参发至相关州、县部门及主要领导。由此，
1984 年 9 月，楚雄州率先在云南省首家成立了生态经济、农村经济、
国土经济联合会；1991 年 9 月"楚雄州生态经济学会"正式挂牌成立。
当时，有人曾开玩笑说：这是彝州人为了自己家园美好的明天而栽
下的遗嘱红马樱，开什么样的花结什么样的果，就看付出怎样的艰
辛与努力了。

　　确实，楚雄州生态经济学会成立之初，工作人员全是兼职，无
经费来源，举步维艰，好在有几位德高望重的老同志挂帅，学会的
名誉理事长普联和、理事长李春和是从州委、州政府领导岗位上退
下来的老领导，他俩在全州上下很有威望，而且热心生态经济的研
究与宣传；副理事长兼秘书长范开富是位离休干部，在州区划、州

计委工作时就刻苦钻研生态经济理论，以他们 3 人为中心，默默无偿地为楚雄州生态经济学会的成立及学会工作正常运转尽心尽力。

在普联和、李春和、范开富等 10 几位有心有志于生态保护者的倡导、组织与感召下，楚雄州生态经济学会得到越来越多的领导和热心人的支持、认同与关心。1999 年 3 月，学会成立了有州财政每年拨款 30 000 元的楚雄州生态经济宣讲团。从此结束了楚雄州生态经济学会无正常经费来源的历史，为进一步搞好生态学会建设和环境保护宣传提供了条件，同年下半年，学会会刊《楚雄生态经济通讯》正式创刊。

为保护、培育并壮大楚雄州生态经济学会这株红马樱，让它红遍彝州的山山水水，学会与宣讲团创新互动特色，形成学会的阵地在宣讲团，宣讲团的基础在学会的良性互动的格局，主要具体依托《楚雄生态经济通讯》期刊，巩固了学会与会员的沟通与联系，为学会会员和宣讲团成员的成果发表提供平台。

《楚雄生态经济通讯》月刊，是学会与日前拥有的 786 名个人会员、宣讲员和 19 个团体会员联系的纽带及交流的平台，是宣讲团缔结成员并与领导交流沟通的枢纽，也是展示学术成果、宣传生态经济科学、建设生态文明、开展学术探讨的有效园地，开设有"生态基础理论"、"生态经济动态"、"反思与对策"、"生态文明与彝州经济社会"等栏目，迄今已出版发行 157 期，约 1 000 万言，培养了一大批本土的生态理论研究者和环保宣传员。《楚雄生态经济通讯》的魅力，已引起越来越多的州内外领导的重视和同仁的关爱，有的同志为了获得《楚雄生态经济通讯》阅读而要求入会，有的领导为了从《楚雄生态经济通讯》中了解信息、获得知识、寻求启示而多方托人打听、索取，因而，《楚雄生态经济通讯》被广泛誉为"彝州生态园中的一枝花"。

从楚雄州生态经济学会成立至今的 20 余年中，有一大批同志不领一分钱的报酬，长期任劳任怨地为之奉献。这些会员和宣讲员的热心、热情、与无私奉献的精神，是学会根深叶茂发展壮大的前提保证。

楚雄州委、州政府适时的提出"建设生态经济强州"的战略口号，是楚雄生态经济学会有了明确的工作与活动方向。1985 年 6 月，以张正经同志为组织，牵头在南华县率先建立了全州第一个县级生态经济学会；1986 年 9 月，南华县在全省第一个建立以林业为主体的生态县，后又被列入全省 10 个生态农业县之一，如今已大见成效；1995 年 10 月禄丰县被批准为全国生态农业试点县之一。楚雄州委也将建立绿色经济大州作为 21 世纪重点战略来实施。

20 余年来，楚雄州生态经济学会和宣讲团先后向所属 10 县（市）委、政府推荐反映该地区生态、环保方面的理论、建议和意见文稿 40 余篇，组织会员与宣讲员下基层调研、考察、宣讲等相关活动 200 多人次，对全州生态经济建设与环保工作作出了重大贡献。到 2011 年，全州森林覆盖率增至 70.03%，生态宣传功不可没。

自 1992 年 10 月开始，楚雄州级相关部门对学会和宣讲团给予大力支持，州发改委、建设局、生物产业创新办、国土局、环保局、气象局、林业局、环境监测站等近 20 个单位，先后轮流做东，出资办生态经济年会 18 届，每届年会各县（市）都选派研究者、作者、宣讲员参加，内容新颖，具有代表性，开得生动活泼，并坚持选编、印发图文并茂的年会论文集共 18 辑，约 600 万字。

楚雄生态经济学会数十载艰辛的付出是不寻常的。团结就是力量，一分无私一份好评，一分耕耘一分收获。2005 年 7 月，楚雄州生态经济学会被评为"全国社科先进学会"；同年 12 月，被中共楚雄州委、州人民政府授予"先进集体"称号；2008 年 4 月，在楚

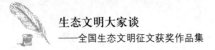

雄建州 50 年之际，被评为"社会科学作出突出贡献的诗歌单位"；2009 年 11 月，被云南省生态经济学会评为全省唯一的"先进集体"等，被誉为"彝州生态园"的楚雄州生态经济学会及宣讲团的期刊平台、宣传活动、实地调研、经验交流、年会论坛等记录着一种不可磨灭的足迹，记写着彝州大地无限的青山秀水、绿树碧草的美丽与家园的日益美好，显现出生态学会及宣讲工作的社会效益与经济效益，被称为云岭生态园中光彩夺目、常开常新永不凋谢的一株红马樱。

附 录

"生态文明大家谈"
有奖征文活动获奖名单 *

党的十八大报告提出,把生态文明建设放在突出地位,融入经济建设、政治建设、文化建设、社会建设各方面和全过程,首次将大力推进生态文明建设独立成章。由中国生态文明研究与促进会主办、中国环境报社承办的"生态文明大家谈"有奖征文活动于 2012 年 9 月~11 月启动,目的就是大力弘扬环境生态文化,提高公众的生态文明素质。各地对征文活动高度重视,踊跃投稿,共收到稿件860 篇。相关专家对稿件进行了认真评审,确定特等奖 1 名、一等奖3 名、二等奖 5 名、三等奖 10 名、优秀奖 65 名。现将获奖名单公布如下:

---

* 获奖名单文章名为作者投稿时所用,文章集结成书时,编辑已对部分文章的标题等略做修饰编辑。

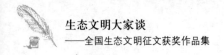

特等奖1名

《生态文明制度建设的体系研究》
作者：浙江农林大学法政学院 孙洪坤 韩露

一等奖3名

1.《价值哲学与生态文明》
作者：云南省社会科学院哲学所 蔡毅

2.《生态文明建设中需厘清的若干认识》
作者：天津市南开大学经济研究所 钟茂初

3.《新农村建设的成功实践生态文明建设的有效载体》
作者：浙江省环境保护厅 杨晓蔚

二等奖5名

1.《生态文明建设与发展方式变革》
作者：国防大学马克思主义研究所 颜晓峰

2.《生态文明的哲学思考》
作者：山东省人民政府办公厅　刘爱军

3.《生态文明建设与新型工业化协调发展探微》
作者：福建师范大学马克思主义学院　邓翠华

4.《建设生态文明，探索共同而有区别的环保政策》
作者：环境保护部污染防治司　李蕾

5.《气候变化：一封虚拟的遗书》
作者：青海省人大常委会办公厅　多杰群增

三等奖 10 名

1.《生态文明建设呼唤生态意识》
作者：安徽大学资源与环境工程学院　洪云钢

2.《培养农民生态观之我见》
作者：湖南省郴州市环境保护局　曹国选

3.《小女孩"救"树》
作者：江苏省南京市南化实验小学　李纳米

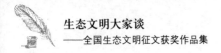

4.《汾河在这里拐了个弯》
　作者：山西省临汾市政协委员会　马跟云

5.《市域生态文化的时代构想与积极实践》
　作者：福建省泉州市委党校　周松峰

6.《马克思主义生态智慧视野下的全球生态环境问题》
　作者：厦门大学马克思主义学院　蔡虎堂

7.《欠发达地区生态文明建设的实践与思考－以磐安县为例》
　作者：浙江省磐安县生态建设办公室　陈国平

8.《生态旅游与生态文明关系刍议》
　作者：北京林业大学园林学院　孙吉亚　张玉钧

9.《深刻认识生态文明努力推进生态文明建设》
　作者：环境保护部环境规划院　王依　李新

10.《时代呼唤生态理性》
　作者：山东建筑大学法政学院　刘海霞

优秀奖 65 名

1.《生态文明建设中人民政协之功能作用》
作者：湖北省长阳土家族自治县政协委员会 刘红

2.《共建生态文明，共享美好生活》
作者：陕西省商洛市商洛调查队 倪卫校

3.《天鹅之湖》
作者：中国工商银行北京海淀支行 杜敏

4.《生态文明建设应成为我市经济发展的重要支撑》
作者：辽宁省阜新市环境保护局 张继辉

5.《生态文明建设的成功实践
——陕西省合阳县探索农村环保新道路推动绿色发展的调研报告》
作者：陕西省合阳县环境保护局 雷军红

6.《积极治理农村畜禽粪污，推进农村生态文明环境建设
——农村畜禽粪便污染现状调查及治理对策的建议》
作者：江苏省如东县掘港畜牧兽医站 石银亮 康美红 周建东

7.《拥抱生态文明》
作者：江西省上饶市委党校 邱炜煌

8.《洱海智慧——写在洱海保护月》
作者：云南省大理市文体广电局　那家伦

9.《城市绿地系统规划应有前瞻性和科学性》
作者：湖北省宜昌市五峰采花广电中心　葛权

10.《生态文明与环境教育内容及其途径的思考》
作者：湖北省宜昌市五峰采花广电中心　诸葛冬梅

11.《对鄂尔多斯发展循环经济的几点建议》
作者：内蒙古自治区鄂尔多斯市东胜经济开发区管委会　折占平

12.《道学天人合一思想与生态和谐》
作者：南京大学儒佛道与传统文化研究中心　孙鹏

13.《贵州科学选商
——贵州生态文明建设与招商引资有机结合的有益偿试》
作者：贵州省发展和改革委员会　陈政
　　　　贵阳市公安局　陈曦

14.《资源型城市在生态强省进程中存在的问题和建议》
作者：安徽省淮南市政协人口资源环境委员会　程晋仓

15.《坚持以"创建"促"建设"》
作者：重庆市潼南县城乡建设委员会　潘文良

16.《绿岛》
作者：河北省宣化区委档案史志局 韩杰

17.《道教的生态伦理之光》
作者：辽宁省作家协会 王秀杰

18.《生态文明的追问》
作者：广州石井海军兵种指挥学院政工系 郭继民

19.《荒漠村嬗变成"市级生态旅游名村"》
作者：湖北省郧县谭家湾镇中心小学 陈龙才

20.《对军队生态文明建设的思考》
作者：南京海军指挥学院 汪丽

21.《"反弹琵琶"：西北地区生态文明建设的科学创举》
作者：甘肃政法学院 王汝发

22.《对推进生态文明建设的几点思考》
作者：河南省栾川县环境保护局 石常献

23.《九曲河随想》
作者：江西省赣州市人民医院 郭小平

24.《生态经济四分法》
作者：中国移动四川公司 李俊杰

25.《自然保护区要建更要管》
作者：江西省赣州市人民政府办公厅　曾为东

26.《让乡村映入环保的眼帘》
作者：江苏师范大学传媒影视学院新世纪限塑同盟　龙謦泽

27.《十年生态文明建设的成效暨党的十八大之后的发展前瞻》
作者：四川省广元市人大办公厅　翟峰

28.《怒江州生态文明建设问题研究》
作者：中共云南省怒江州委党校　张立江　段承盛

29.《宜丰创建国家级生态县的优劣势分析及措施》
作者：江西省宜丰县环保局　黎新文

30.《发掘生态文化引领绿色发展》
作者：湖北省赤壁市环境保护局　葛先汉　周军

31.《大山里的报春花》
作者：山东省泰安市徂徕山林场　朱海涛

32.《生态文明视野下民族地区生态旅游的发展》
作者：东南大学人文学院　戴冬香

33.《生态文明建设中几个理论问题的再认识》
作者：重庆工商大学长江上游经济研究中心　文传浩
　　　　武汉大学环境法研究所　铁燕

34.《以生态文明理念推进新型城镇化发展》
作者：河南省濮阳市发展和改革委员会　谢海萌

35.《如何推进生态文明建设？》
作者：贵州省凤冈县环境保护局　冉丛茂

36.《甘孜州加强生态文明建设的若干思考》
作者：四川民族学院　陈光军

37.《浅谈建设生态文明的重要意义》
作者：辽宁省本溪市政协人口资源环境委员会　孟庆福

38.《建设生态文明构建和谐社会》
作者：江苏省建湖县委宣传部　夏海

39.《让"生态思维"生根发芽》
作者：中共江西省委宣传部　彭海宝

40.《一切从转变观念做起谈推进现阶段生态文明建设的路径》
作者：河北省晋州市环境保护局　杜敬波
　　　　河北经贸大学经济管理学院　杜佳蓉

41.《用生态文明引领县域经济科学发展》
作者：安徽省肥西县环境保护局 刘贤春

42.《对国有企业生态文明建设担当角色的几点认识》
作者：中国船舶重工集团公司 王运斌

43.《践行科学发展观建设生态文明城》
作者：湖北省鄂州市环境保护局 吕尚英 肖文舒 褚高山

44.《水城水》
作者：江苏省泰州市泰州日报社 庞清新

45.《弘扬生态文明建设构建和谐大庆油田》
作者：黑龙江省大庆采油工程研究院 刘忠福

46.《传统文化中与生态文明》
作者：聊城大学环境与规划学院 陈永金

47.《环境心理学在生态文明建设中的作用和责任》
作者：北京林业大学 田静 吴建平

48.《措施与行动》
作者：山东省作家协会 有令峻

49.《中部山区生态补偿：和谐海南建设不容迟滞的大事》
作者：海南省委党史研究室 陈波

50.《坚持绿色发展建设生态文明》
作者：北京市密云县生态建设办公室　周广文

51.《浅谈文化与生态文明的相互效应》
作者：山东农业大学经济管理学院　朱婕

52.《盛开在掌心的花朵》
作者：山东省蒙阴县信用联社　宋尚明

53.《低碳发展是生态文明建设的有效实现形式》
作者：四川省广元市环境保护局　张厚美

54.《生态文明：植根于中华民族的普世价值》
作者：浙江省杭州市环境保护局　徐青山

55.《论生态文明视野下的环境伦理观》
作者：山东省沾化县工商银行　张霞

56.《环保家庭》
作者：湖南省永州市绿化大队　胡小卫

57.《大力倡导生态文明建设的融入观》
作者：湖北省襄阳市襄州区农业局　陈尧

58.《为生态文明建设撑开法律的保护伞》
作者：中国司法杂志社　刘武俊

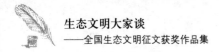

59.《狼烟滚滚》
作者：河南省洛阳市环境保护局 崔冠亚

60.《杨善洲：绿色的颂辞》
作者：河南省博爱县南关学校 马冬生

61.《生态文明与宜居城市并举突破深圳难题》
作者：深圳市人居环境委员会 杨虹

62.《论生态文明促进法》
作者：中国政法大学民商经济法学院 代杰

63.《建设大美龙江科学路径研究》
作者：哈尔滨师范大学 郝文斌 冯丹娃

64.《生态文明建设与中国智慧》
作者：江苏省社会科学院哲学与文化研究所 胡发贵

65.《生态园中的红马樱》
作者：云南省禄丰县文联 李剑虹

后 记

　　生态文明是人类为建设美好生态环境而取得的物质成果、精神成果和制度成果的总和。建设生态文明，是党中央坚持以科学发展观统领经济社会发展全局，创造性地回答怎样实现我国经济社会与资源环境可持续发展问题所取得的最新理论成果。努力推进生态文明建设，不断提高生态文明水平，是时代赋予我们的伟大历史使命。

　　为弘扬环境生态文化、提高公众的生态文明素质、增强公众参与生态文明建设的使命感和责任感、营造全社会牢固树立生态文明观念的舆论氛围，以实际行动迎接党的十八大胜利召开，2012 年 9 月，由中国生态文明研究与促进会主办、中国环境报社承办的"生态文明大家谈"有奖征文活动在全国范围内展开。

　　征文活动得到了社会各界的热情支持和广泛参与。活动启动后，《人民日报》、新华社、人民网、《中国环境报》、中国网、中国环境网等 60 余家媒体刊登了此次活动的征文启事和新闻稿件，吸引了各界人士踊跃参与。不到两个月的时间，共收到社会各界征文 860 篇。

　　参赛作品题材广泛，内容主要有：一是围绕生态文明建设展开探讨。有的探讨生态文明制度建设；有的探讨如何构建与生态文明相适应的发展方式；有的分析当前生态管理存在的主要问题，探讨创新生态管理的路径；还有的畅谈生态文明建设的典型经验与体会等。二是探讨公众如何参与环保工作，强调生态文明从我做起，节

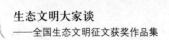

约能源始于足下。三是探讨人与自然的关系。有的通过描绘自然山川的美景表达对美好环境的珍惜；有的反映当地存在的环境问题，希望引起重视。

参评作品体裁多样，涉及理论文章、散文、评论、诗歌、通讯等。其中，理论文章内容充实、思想深刻；评论作品观点鲜明、语言简洁；散文作品语言生动，感情真挚。

通过初审及复审，评出特等奖 1 名、一等奖 3 名、二等奖 5 名、三等奖 10 名、优秀奖 65 名。现编者将 84 篇获奖作品编辑加工后集结成册，供读者学习交流。

在此，特别感谢社会各界对此次征文活动的参与和支持，感谢参与稿件评审和本书编辑出版过程中所有人员的辛勤劳动。